地质勘探与岩矿分析测试研究

杜江岩　李　洁　滕永翔　主编

汕頭大學出版社

图书在版编目（CIP）数据

地质勘探与岩矿分析测试研究 / 杜江岩，李洁，滕
永翔主编. -- 汕头：汕头大学出版社，2021.5
　　ISBN 978-7-5658-4329-7

　　Ⅰ. ①地… Ⅱ. ①杜… ②李… ③滕… Ⅲ. ①地质勘
探②岩矿分析 Ⅳ. ①P624②P585

中国版本图书馆CIP数据核字(2021)第079206号

地质勘探与岩矿分析测试研究
DIZHI KANTAN YU YANKUANG FENXI CESHI YANJIU

主　　编：	杜江岩　李　洁　滕永翔
责任编辑：	邹　峰
责任技编：	黄东生
封面设计：	梁　凉
出版发行：	汕头大学出版社
	广东省汕头市大学路243号汕头大学校园内　邮政编码：515063
电　　话：	0754-82904613
印　　刷：	廊坊市海涛印刷有限公司
开　　本：	710mm×1000 mm　1/16
印　　张：	7.75
字　　数：	130千字
版　　次：	2021年5月第1版
印　　次：	2022年5月第1次印刷
定　　价：	68.00元

ISBN 978-7-5658-4329-7

编委会

前言

PREFACE

本书简单介绍了水工环地质及岩矿测试基本知识；重点阐述了水工环勘探技术及成矿预测与矿产普查，以适应水工环地质勘探与岩矿分析测试研究的发展现状和趋势。

全书分为4章，包括水工环地质概述、水工环勘探技术、岩矿测试基本知识概述、成矿预测与矿产普查。本书突出了基本概念与基本原理，在编写时尝试多方面知识的融会贯通，注重知识层次递进，同时注重理论与实践的结合。

本书特点主要有以下几个方面：

（1）在编写上以培养读者的能力为主线，强调内容的针对性和实用性，体现"以能力为本位"的编写指导思想，突出实用性、应用性。

（2）层次分明，条理清晰，逻辑性强，讲解循序渐进。

（3）知识通俗化、简单化、实用化和专业化；叙述详尽，通俗易懂。

本书可供相关行业技术人员参考使用，也可作为普通高等院校相关专业的高职高专、本科生及研究生的辅助教材或者学习参考用书。

由于编者水平所限及本书带有一定的探索性，因此本书的体系可能不尽合理，书中疏漏错误也在所难免，恳请读者和专家批评指正。在此对在本书编写过程中给予帮助的各位同志表示衷心感谢！

目录 CONTENTS

第一章

水工环地质概述

第一节　水文地质工作的主要进展与发展趋势

一、水文地质工作的主要进展

在最近几十年里，水文地质学进展迅速。水文地质工作涉及的内容十分广泛，从如何寻找地下水和提供供水水源，到评价地下水资源（数量和质量）和如何合理利用地下水资源，再到开采利用地下水资源引起的环境地质问题，亦即从研究地下水系统与自然环境的相互关系，扩大到研究地下水系统与社会经济系统的关系。从基本概念和基本理论，到模型与模拟研究，再到成果展示的数字化，使水文地质工作从定性分析发展到定量研究的新阶段。野外探测和室内测试技术的提高，现代科学的新理论与水文地质学的结合以及新技术、新方法在水文地质领域的应用，都极大地促进了水文地质学的发展。以下从八个方面概括水文地质工作的主要进展。

（一）找水与供水

早在1980年以前，全国开展了水文地质普查，完成普查面积约820万km²，取得了基础性资料，为国家规划建设和有关工业部门所利用。还累计完成了近130万km²面积的农牧区供水水文地质勘查，为农田水利规划，指导井灌区打井扩大灌溉面积，进行盐碱地改良和冷浸田治理，提供了科学依据。

20世纪70年代末80年代初，我国转入重点经济发展区的水文地质调查研究工作，如黄淮海平原、济徐淮地区、长江三角洲、东北经济区、京津唐地区、西北能源基地等，取得了许多重要的研究成果。

20世纪80年代以来，还开展了多项专题性调查研究，如红层地区、玄武岩地区和黄土地区地下水的富集，以及北方岩溶地下水、典型岩溶区地下水等。

在200多个城市开展不同程度的水文地质调查工作，在80多个严重缺水城市评价出200多个地下水集中供水水源地，大大缓解了这些城市供水紧张情况。对京、津、沪等75个主要城市进行水资源预测，以及对深圳、厦门、大连、北海等沿海开放城市结合城市发展规划进行水资源论证。在有地热资源开发远景的北京、天津、福州、拉萨、漳州、湛江、昆明、郑州等10多个城市开展了地热田的勘查研究。

在长期为缺水地区进行找水的实践中，地质工作者总结出一套行之有效的找水方法经验，如"新构造控水"（肖楠森）、地下水网络理论（胡海涛）、储水构造理论（刘光亚等，钱学溥等），为基岩地区找水进行了有价值的探索。

1995年以来实施了西北地区找水特别计划，先后在塔克拉玛干沙漠腹地以及极端缺水的宁夏、陕北、内蒙古的边远地区寻找到可供饮用淡水。随着国土资源部新一轮国土资源大调查及西北找水、西南岩溶石山区找水项目的实施，对国家在水资源匮乏的西部地区的大开发有着特别重要的意义。

（二）地下水资源评价

在水文地质调查工作的基础上，以北京、陕北、豫东、吉林中西部、河西走廊等地不同类型的地下水为重点，初步总结了大面积地下水资源的评价方法。

（1）对于超量开采的城市北京市，分区预测计算了全区降水、河流和地下水资源总量，提出了以城近郊区地下水多年平均补给量来评价开采量、人工调蓄保护永定河区地下水资源等方案。

（2）开展黄土高原农林区地下水资源评价，确认黄土孔洞—裂隙潜水和基岩裂隙承压水是典型黄土塬地区的两种主要地下水类型。对黄土这种各向异性垂直非均质的含水层，除了选择各种水文地质参数外，还应注意到黄土下伏基岩裂隙的相对成层性和承压性，从而为黄土高原区地下水资源评价提出了完整模式。

（3）结合具体水文地质条件，开展国民经济重点地区地下水资源评价。例如在吉林省及松嫩平原，充分考虑了多层越流补给的特点，使评价结果更接近实际状况。在河南商丘，重点考虑了包气带和水位变幅带的岩性结构，改进了以往降水入渗系数、潜水水位变动带疏干给水度以及潜水蒸发极限深度的确定方法。在河西走廊建立了大流域（6000km²）地下水数值模拟模型，深入分析各种水文盆地含水层系的分布状况和地下水补径排条件及过程后，圈定出可供开发利用的含水层面积。

（4）开展华北地区水资源评价和开发利用研究。评价出区内水资源总量为

419亿m³/a，可利用量为310亿m³/a，另有矿化度2～3g/L的微咸水和浅层承压水53亿m³/a，其中京津唐地区水资源总量为112.83亿m³/a。经优化模型计算，若重新节配可利用的水资源，可节水5亿m³/a。

（5）开展特殊类型地下水资源评价。例如，已评价出四川盆地深层地下卤水的可采资源量为9.83亿m³、剩余可采资源量为7.62亿m³；天津市地下热水静储量为584.41亿m³，可采量为8.25亿m³。

自新中国成立以来已查明的地下水水源地共计1243处，已开采的832处，其中大型水源地（允许开采量5×10⁴m³/d以上）494处，中型水源地（允许开采量1×10⁴～5×10⁴m³/d）519处，小型水源地230处；按含水介质类型划分，孔隙水类型846处（68%），岩溶水315处（25%），裂隙水82处（7%）。

在地下水资源的特点和分类方面，笔者认为地下水资源具有系统性、流动性、可恢复性和调节性等特点。这是因为地下水在一定的范围内分布，可以在含水层中流动，而且可以获得周期性补给，当补给充沛时可以恢复其原有水量，地下水的储存量在补径排及开采过程中起到调节作用。从而有别于固体矿产资源及石油、天然气等流体矿产资源。地下水资源分类有多种方案，如分为天然资源和开采资源，分为补给量、储存量和消耗量等。最近有一种分类方案在总结以往地下水资源各种分类的基础上，认为从地下水资源构成的角度可以分为补给资源和储存资源，从开采的角度可以划分为允许开采资源和尚难利用资源。在地下水资源评价中，实际需要计算的地下水量有补给量、储存量和允许开采量。

（三）地下水资源管理

20世纪80年代以来地下水资源研究的一个重要标志，是把主要目标转向管理模型的研究，即研究在掌握地下水资源分布和数量的基础上，如何合理开发利用和保护地下水资源，使之处于对人类生活和生产最有利状态，以获得最大的经济、社会和环境效益。涉及与地下水开发活动有关的自然环境、社会环境和技术经济环境等各方面的问题，通过地下水流数学模型和最优化技术，建立地下水管理模型，实现管理目标，从而得到解决。地下水资源管理的研究进展迅速，从管理模型的类型来看，有集中参数模型、分布参数模型、水量管理模型、水质管理模型、经济模型和上述几种模型的联合模型，有单目标规划模型和多目标规划模型，有单一的地下水管理模型和地表水管理模型，也有地表水和地下水联合管理模型等。从管理内容来看，已从过去一般性的水政策、水均衡管理发展到地下水动态和水资源（包括水量和水质）管理，地表水和地下水联合运转管理，控制地质灾害的土地利用和地下水动态控制管理，以及综合考虑防止、控制和改善因水资源开发利用而产生的生态环境副作用和经济技术约束条件的多层次、多目标管理。有关地下水资源管理的理论已趋于成熟。

我国开展地下水资源管理的研究起步稍晚，但发展十分迅速，出现了一大批针对不同地区、不同管理问题的地下水资源管理研究成果。如石家庄市地下水资源管理模型，是按照系统化、模型化、最优化的总体构思，以水文地质模型为基础，把水量模型、水质模型和优化模型融为一体，从而为控制石家庄市地下水降落漏斗的发展和防治水质恶化提供了切实可行的综合治理决策方案。对甘肃武威地区采用多目标规划法，建立了以经济产值为最大目标的农业用水分析模型和跨流域调水模型。对新乡、平顶山、北京、西安、沈阳、唐山、邯郸、北海等城市，根据不同目标与不同要求，分别建立了以城市供水为目标的水资源管理模型或水质水量联合模型、地表水和地下水联合调度模型，以及全流域为工农业生活用水优化分配的规划管理模型等，取得了重要的研究成果。

（四）地下水资源开发引起的环境问题

20世纪70年代以来，由于城市的迅速发展，城市供水量的日益增加，因过量开采地下水产生的环境地质问题（或负环境效应，或地质灾害），如水量枯竭（表现为地下水位持续下降、大泉流量日减等），地面变形（如地面沉降、岩溶塌陷、地裂缝等），水质恶化（如海水入侵等）以及生态环境恶化等，引起人们广泛的重视，促进了水文地质学的发展，成为环境水文地质工作中的重要内容。在我国，许多城市开展了地质灾害勘查工作，在分析地质灾害的形成机制的基础上，通过地下水管理模型的研究，对地下水过量开采问题，提出了调整开采布局或人工补给等措施，防止或治理地质灾害。

在上海、天津、西安、苏州、无锡、常州等城市先后开展地面沉降的研究，取得了不同程度的进展。如上海市的地面沉降，自20世纪60年代起就开始研究，基本查明了地面沉降的机理，并采取了人工回灌等综合治理措施，到70年代后基本得到了控制。80年代以来，又在准三维地下水流模型的基础上，加上描述地面沉降的一维模型，通过数值模拟计算，预测开采量与回灌量不同的比值下，可能发生的沉降量，从而使地面沉降的研究从定性化走向定量化。

在我国无论是北方还是南方，对岩溶塌陷都进行了深入的研究。对岩溶塌陷的类型、特征、形成条件与形成机制进行了系统的分析和总结，提出了具体的防治措施，个别研究者还对岩溶塌陷的预测进行了尝试性研究。

针对沿海地区海水入侵问题，我国在辽宁的大连，山东的莱州、龙口、烟台和青岛以及广西的北海等地开展了详细的勘查研究。描述海水入侵的数学模型从过去提出的咸、淡水之间的突变界面模型发展到过渡带溶质弥散模型，由二维模型到三维模型，由不考虑密度变化的模型到考虑过渡带水的密度变化的模型，趋于完善。在治理对策方面，提出了调整开采量、人工回灌、设置隔水帷幕等措施，除了调整滨海含水层地下水的开采量外，其他治理措施在国内付诸实践的并不多见。

此外，地裂缝是另一种特殊的与地下水开采有关的地面变形现象。例如西安市出现多条雁行排列的地裂缝，对城市建筑造成严重危害。经长期深入研究，认为新构造运动是形成地裂缝的内因，而大量开采地下水是主要外因，对地裂缝的发展起到激发作用。

为控制地面沉降或调蓄储能，增加地下水的补给，在天津、上海、北京、山东烟台等地开展了人工回灌工作或相关的试验研究，探讨了人工回灌渗入机制并总结了不同水文地质条件下的回灌经验以及控制地面沉降或调蓄储能的效果。

（五）基本概念与基础理论

自从20世纪60年代Toth提出区域地下水流动理论以来，特别是系统的观点对科学和技术的各个领域的渗透，不少水文地质学家都试图用系统的理论来研究水文地质问题，相继提出"地下水水文系统""含水层系统""地下水系统""地下水流动系统"和"水文地质系统"等概念，对水文地质学的发展产生了极大的影响。但是，由于不同学者所持的观点和角度不同，对概念的定义和理解亦不尽相同。较多的学者认为，地下水的赋存、分布、运动和演化具有系统性，"地下水系统"一词被更多的学者提及。地下水系统包含"地下水含水系统"和"地下水流动系统"，前者指由含水层和隔水或相对隔水岩层组成的具有统一水力联系的含水岩系，后者指由源到汇的流面群构成的具有统一时空演变过程的地下水体。它们都具有整体性、层次性等特性。目前在理论和方法上迅速发展的是地下水流动系统理论。Toth等人着重研究大的空间与时间尺度的地下水流动系统，并将其主要用到预测油气藏的分布。Toth还提出"重力穿层流动"的概念，将流动系统理论推广到非均质介质场。

伴随基岩地区找水和大面积地下水资源评价工作，一些基础研究得到了重视。例如，田开铭依据野外现象推论并经实验证明，裂隙水交叉流有三个重要的水力特性：在交叉裂隙中，一个裂缝中的水流过交叉时全部或部分向另一个裂缝中折流；在两个方向上的水流阻力效应不等；进水量与泄水量不等，即出现偏流现象。在此基础上推导出基岩地区地下水的网络偏流和条件偏流等基本模式。又例如，在包气带水特性的研究方面，①认为温度对土壤水运动的影响，取决于土壤表面边界条件类型；当土壤表面为压力水头边界时，温度对土壤水运动有十分明显的影响。②滞后作用主要是改变土壤含水量的分布；当吸水和脱水循环发生时，滞后作用对土壤水运动的影响显著。③零通量法、中子测量法及WM—1负压计的研究，以及在三水转化过程中的岩土水热梯度特征、非饱和渗透系数和持水曲线的规律性探讨等方面的应用，使土壤包气带的理论研究达到更高的层次。

其他学科领域的一些新理论，如灰色系统理论、地质统计学和分形理论等，被推广应用到水文地质研究中。地下水系统是一种包含部分不确定信息的灰色系统。灰色系统可以用灰色参数、灰色方程与灰色矩阵等来描述。灰色系统可控制在灰域即一定的上下限之内。地质统计学充分考虑到在一定空间中的地质变量具有空间相关性，即认为这类随机变量具有空间结构性，因此，能够有效地利用经典统计学所丢失的信息，对地质变量做出更为精确的评估。例如，对于空间分布稀疏但是观测时间序列长的水文地质变量（如地下水位），不但要利用资料的空间结构性，还应充分利用其时间结构性，应用空间—时间克立格法绘制水位等值线图，图件质量明显提高。灰色系统理论和地质统计学都体现了确定性与随机性的结合。它们的引入和应用，产生了一系列水文地质学应用新理论。

（六）模型与模拟

自20世纪五六十年代以来，特别是70年代以来，由于应用数学和地下水动力学的相互渗透，尤其是电算技术的推广和应用，极大地丰富和突破了传统水文地质学的内容，使地下水的定量研究发展到新的阶段。地下水计算的基本理论，从稳定流发展到非稳定流，从二维流发展到三维流，从解析法发展到数值解，有限单元法和有限差分法在地下水资源评价计算中得到广泛应用，通过模拟计算进行模型识别，并进行预报，解决了各种条件下的水文地质计算问题。与地下水模拟计算相关的计算机软件日臻完善，MODFLOW是近年来国际上流行的模拟软件之一，并由DOS版本发展到WINDOWS下的版本，具有可视界面及强大的计算、处理和展示功能，且易于操作，所以被广泛应用。

在地下水资源计算和动态分析预测中会用到各种模型，诸如确定性模型与随机性模型、集中参数模型与分布参数模型、线性模型与非线性模型、单一模型与耦合模型等。不同地区根据具体的水文地质条件建立相应的模型，如河南商丘在人工调蓄条件下，建立的多年均衡法与有限元结合的数学模型；甘肃石羊河流域根据地下水动态演变规律，应用不规格有限差分法建立的数学模型，黄土层饱和与非饱和地下水的联合数学模型；干旱半干旱地区以地下水弹性效应为基础的数学模型，以地下水延迟给水效应为基础的数学模型和以反常水位效应为基础的数学模型。此外还有一些专门模型，如选择放射性废物处理场地的水渗流模型、垃圾填埋场和地表蓄水池污染物迁移模型等。

（七）新技术、新方法的应用

勘测、测试及计算机技术在最近几十年里发展很快，它们在水文地质调查研究中得到了广泛的应用，极大地提高了水文地质工作研究的效率和所获取资料的质量，也为认识和解释一些水文地质问题提供了更坚实的基础。

在物探方法方面，电法测试的基础上，开展了浅层高分辨率地震、声波、综合电磁、声频大地电场、激发极化、甚低频、静电α卡、综合测井、放射性低能谱测量、空间无线电波透视和超声成像等多种方法。例如，用浅层地震法确定地下岩溶的发育地段及划分第四系地层，用ESP型地质雷达系统了解松散层的结构和层次及浅层基岩的裂隙和洞穴发育情况，以磁法为主辅以电剖面法、浅层测温和α卡法指导打热水井，利用声频大地电场法、激电法和综合磁法找水，均取得良好效果。

在遥感方面，航空红外成像和扫描等技术的应用水平得到了提高，使图像的信息更加丰富，有利于遥感图像的解释。遥感方法在寻找地下水和地下热水、探测古河道、填制水质图等方面，均取得了良好的效果。近年来，在常规目视解释的基础上，进一步开发了多片种、多波段和多时相的综合解释技术，向多元数据复合、动态监测、趋势预报和计算机定量分析方向发展，取得了许多有实用价值的遥感地质解释结果。

通过研究地下水的同位素组分，结合水文地质条件和其他方法，可以确定地下水的成因、年龄、径流途径和补排关系等，为地下水资源评价和合理开采地下水、防治地下水的危害，提供了科学依据。根据 δD 和 $\delta^{18}O$ 多年监测资料已求得中国大气降水线的直线方程为 $\delta D = 7.7\delta^{18}O + 7.5$，建立了中国大气降水氢氧稳定同位素数据库，并汇入IAEA的全球大气降水氢氧稳定同位素数据库。

地理信息系统（GIS）是近年来发展起来的新技术，并迅速在水文地质领域中得到应用。一个研究区的水文地质空间信息可以划定为多个单独的信息层，可以分层提取空间数据（如水系、富水性分区、断裂构造、控制性井孔、地下水开采量、水化学成分等）。GIS将不同层的信息经逻辑匹配联系起来，生成新的图层，输出新的信息。目前，基于GIS的水资源信息管理系统软件正在开发，为水文地质信息的数字化、图形化提供了便利条件。

（八）水文地质信息系统和成果展示

为了保证提供建立数学模型所需要的大量水文地质信息，有效地利用水文地质资料，有必要建立相应的信息检索系统和数据库。地质矿产信息系统是国家经济信息系统的一个分系统，其中有"矿产储量数据库"和"地下水资源数据库"。全国一些地区也都建立了相关数据库。通过对数据管理系统的研究，河南环境水文地质总站近年来开发了"河南省地下水资源数据管理系统"和"地下水均衡试验观测数据处理系统"。山西环境水文地质总站开发了"山西地下水动态数据库管理系统"。秦皇岛、石家庄、新乡等，也都分别建立了数据库与数据库管理系统。它们都具有对资料进行输入、更改、查询、统计、打印、绘图等多种处理功能。

在信息系统研究的基础上，还开展了城市水资源管理专家决策系统的研究，通过对信息数据库、知识库、推理解释系统的研究，可以建立通用的城市水资源环境管理专家系统，从而将水资源环境管理这一复杂系统工程微机化、自动化，对水资源状态进行实时分析、过程模拟和信息输出，实现最佳决策选择。

在成果展示方面，在水文地质普查资料和地下水资源评价的基础上，我国各种比例尺水文地质图编图工作迅速发展，并创建了一套具有本国特色的水文地质编图方法，编制出版了许多全国范围、省市或按地区编制的图幅、图系或图集。其中1979年出版的《中国水文地质图集》系统反映了我国从20世纪50年代以来区域水文地质工作的成果。随后编制《亚洲水文地质图》（1：800万），以及专项内容的图件，如《中国温泉分布图》（1：600万），《北方典型遥感水文地质图像集》和《中国岩溶地区典型遥感水文地质图像集》。近年来，水文地质研究成果的数字化进展迅速，各种图件均可通过计算机（多媒体）展示。

二、水文地质工作的发展趋势

水文地质工作与国民经济建设密切相关。我国经济建设在21世纪进入高速度发展时期，经济建设与水资源及环境的矛盾日趋严重。随着基础理论的发展、新技术在水文地质中的应用以及各学科之间的相互渗透，也给地下水的研究开创了新的局面。水文地质工作在21世纪面临新的机遇和挑战。以下几方面可能将是人们重点关注的研究领域或课题。

（一）西部缺水地区寻找地下水

随着国家实施西部大开发战略，西部地区需水量将日益增大。如何认识西北干旱地区和西南岩溶石山地区水资源的形成，运用多种方法在西部缺水地区特别是在极端缺水的贫困地区寻找地下水，将是水文地质工作面临的挑战。在此基础上确定合理的开采方案，以保证西部地区水资源的优化分配，取得最大的经济效益，保持良好的生态环境。

（二）人类活动与地下水的相互作用

随着城市人口的集中、工农业的发展和物质文明的逐步提高，人类活动面临的重要问题是水资源短缺。我国有一半的城市缺水，特别是华北、东北、西北的省会城市和大城市以及许多沿海城市。以往由于过量开采地下水已经在大多数城市出现了负环境效应，在一定程度上制约着当地经济建设。如何协调好水资源与环境同社会经济可持续发展的关系，将是摆在我们面前的一项严峻的任务。

（三）大流域地下水资源可再生及跨流域调水的重大水文地质和环境地质问题

黄河下游断流次数和时间逐年增多，小浪底水利枢纽截流后下游径流的逐渐减少，引黄灌区地下水的循环系统与动态将产生显著的变化。长江流域在1998年发生罕见的全流域洪灾，以及三峡大坝建成后，对库区及下游水资源和环境产生很大的影响。跨流域调水也会导致区域性水文地质条件发生明显的变化。如何结合社会、经济、生态等因素研究这些问题，预测其变化，使之朝着有利于社会经济的方向发展，是我国科技工作者面临的艰巨任务。

（四）基础理论与应用研究

地下水圈是与地表水圈、大气圈、生物圈、地幔相互作用的一个特定的物质系统，水文地质学需要研究地下水圈的形成条件、演化历史及其在人类活动影响下的变化的一般规律，以便预测其未来发展趋势。在未来的岁月中，普遍存在的地下水在控制各种地质过程中的作用、流体梯度与区域构造应力场的关系、饱和及非饱和系统中水岩之间的相互化学作用、化学成分在不同介质中的迁移以及由于水动力驱使而引起的能量迁移等方面的研究有望得到加强。通过研究大型盆地的演化发展和古水文地质条件，可以指导油气藏的勘查与开发。具有商业价值的地下热水、地下卤水、矿泉水的分布、形成条件的研究及开发利用将更加引起人们的重视。在固体废物、核废物地质处置中遇到的水文地质问题，将促进这些实用领域的水文地质研究。

（五）新理论、新技术的应用

21世纪，随着学科之间相互渗透的加速，其他学科领域的新理论将会更加迅速地在水文地质领域得到应用。先进的测试手段和仪器设备可为研究地下水提供了更加精确的观测数据。研究手段从过去的单一化向着多样化、综合化的方向发展。地下水模拟软件得到进一步开发，使之功能更强大、操作更方便。水文地质信息库将得到进一步完善并被充分利用。水文地质研究成果的展示方式也由过去的图示化（各种不同类型不同比例尺的挂图）发展到数字化（计算机数据库和图形库）再发展到网络化（通过主页在网络上发布），有利于研究成果服务于社会。

第二节 工程地质研究的现状与未来

水工环地质是水文地质、工程地质和环境地质的统称，是地学研究领域的重要组成部分。其中工程地质学在20世纪20年代在地质学基础上开始发展，而今已成为一门理论基础坚实、研究内容丰富、与工程建设及人类环境密切相关且具有各分支学科、应用性很强的地质学学科。

一、工程地质学的含义和发展简史

（一）工程地质学的含义

工程地质学（engineering geology）是研究与人类工程建筑等活动有关的地质问题的学科，它是地质学的一个分支。工程地质学的研究目的在于查明建设地区或建筑场地的工程地质条件，分析、预测和评价可能存在和发生的工程地质问题及其对建筑物和地质环境的影响和危害，提出防治不良地质现象的措施，为保证工程建设的合理规划以及建筑物的正确设计、顺利施工和正常使用，提供可靠的地质科学依据。

（二）工程地质学的发展简史

1.萌芽时期

人们在工程建设活动中，自觉或不自觉地运用地质知识于建筑事业，使建筑物与地质环境相适应，以保证建筑物能发挥预期的经济效应和社会效应。该阶段可追溯到千余年之前。我国河北洨河上的赵州桥、四川岷江上的都江堰等便是很好的例证。可见，当时人们已具有相当程度的工程地质知识。该时期的特点是没有形成系统的工程地质理论知识，也没有任何经验资料的积累和记载，人们在工程建设实践中按各自的经验办事。尽管当时生产力低下，工程规模不大，但没有系统的工程地质学理论知识作指导，因地制宜成功的工程建设活动亦仅为少数。

2.奠基时期

20世纪人类社会快速发展，各类工程建设突飞猛进，使地质学越来越多地介入其中，为工程的规划、设计、施工和运营提供地质依据，推动了工程地质学的形成。完整、系统的工程地质理论是由原苏联科学家首先奠定的，主要观点是，工程地质学是"研究建筑和使用工程建筑物的地质环境的科学，它所探讨的对象都是属于地质方面的。它研究由于人类工程活动而引起的地壳（主要是它的最上层）变动。实际任务就是预测工程建筑物在施工及使用时与地质环境的相互作用。"与此同时，欧美资本主义国家中也出现了工程地质学，但研究方向不同，附属于土木工程中，主要从事一般地质构造和地质作用与工程建设关系的研究，是"土木工程师适用的地质学"，并未形成独立的科学体系。我国的工程地质学是在新中国成立后随着大规模国民经济建设的需要而发展起来的，一开始就按原苏联的模式建立工程地质学科和勘查体制。

3.独立发展时期

进入20世纪60年代，大量实践积累了丰富的资料和实际经验，我国工程地质进入了独立发展的阶段。一些产业部门制定了各自的工程地质勘查规范，岩土测试技术提高，定量评价有所发展。此时期一批重大工程项目，例如乌江渡、刘家峡、龙羊峡等水利枢纽；成昆、兰新、焦柳等铁路干线；南京、九江长江大桥等项目的工程地质勘查，都取得了重要成果。

4.快速发展时期

20世纪70年代后期以来，我国进入了以经济建设为中心和改革开放的时代，也是工程地质学大发展的时期。在大量吸取国外先进理论和技术方法的同时，创立了自己新的理论，形成了具有中国特色的工程地质学理论体系。工程地质学研究领域不断拓展。在能源和矿产资源开发、城市化建设、交通路线和地质灾害预测防治等方面，开展了广泛而深入的研究。将系统论、信息论、耗散结构等现代科学方法渗透到学科领域中。

二、工程地质学的研究现状

（一）国外工程地质的研究现状

20世纪下半叶，全世界经济在相对稳定的环境中发展，各类工程建设的规模越来越大，对地质体的干扰也愈益严重。随着欧洲一些水利工程重大事故的发生皆与地质问题密切相关，国际工程地质界认识到有必要成立一个国际学术性组织，共同切磋重大的工程地质问题，进行学术交流，探讨发展趋势。在1968年召开的第23届国际地质大会上成立了国际地质学会工程地质分会，后改名为国际工程地质协会。国际工程地质协会四年召开一次国际工程地质大会，还不定期地举行专题学术讨论会，研讨的专题有："岩土体的工程特性""特殊岩土的工程地质研究""区域规划与城市区工程地质""工程建设区的工程地质问题和场址选择的工程地质评价""重大环境工程地质问题""地质灾害评价""预测和防治""工程地质勘查技术"等。在1980年第26届国际地质大会上，地质学家们一致通过了《国际工程地质协会关于解决环境问题的宣言》，标志着现代工程地质向环境地质学进军的时代开始，越来越多的工程地质学专家参与环境保护与自然灾害的研究领域。为了体现工程地质学家将环境保护作为义不容辞的己任，在1997年于希腊雅典召开的一次会议上，协会正式改名为国际工程地质与环境协会。至今，工程地质研究已经由欧美国家向发展中国家扩展，国际工程地质学科研究和工程工作实践正在稳步发展。

（二）我国工程地质的研究现状

经过近60年的发展，我国工程地质学已成为一门研究内容丰富、理论体系严谨，具有中国特色的综合性学科，并且是国际工程地质界的重要一员。我国工程地质学家的研究领域广阔，主要有岩土工程特性研究和岩体工程地质力学创立、区域工程地质和区域地壳稳定性研究、环境工程地质和地质灾害研究、特殊土结构和工程特性研究以及工程地质勘查的理论和技术方法等方面。

1.岩土工程特征研究和岩体工程地质力学的创立

地基、边坡和地下工程围岩的变性破坏问题使工程地质学家与岩石力学家、土木工程师们开始关注对岩体介质特性的研究，认识到岩体与岩石是既有着本质区别又相互联系的介质。著名工程地质学家谷德振和他的同事们在一系列岩体工程勘查中，发现岩体的力学性质和行为主要受控于软弱结构面的展布，包括层面、断裂面、节理、片理等，使岩体成为非连接、非均质、各向异性的介质。他们首先从地质建造着手，划分工程地质岩组，运用地质力学理论方法，研究结构面的形成机制和空间分布规律，进而研究岩体结构特性，划分岩体结构类型。再按不同结构类型和工程建筑要求进行稳定性分析，将工程地质学与地质力学、岩石力学有机地结合起来，创立了岩体工程地质力学。他的理论体系、研究思路和方法，在国际上独树一帜。20世纪80年代中期以来，谷德振在中国科学院地质研究所设立了工程地质力学开放研究实验室，吸引国内学者共同协作，开展工程地质前沿课题和生产上需要解决问题的研究工作。每次学术委员会上都要讨论工程地质学的趋势和应制定的科研方向，无形中成为我国工程地质学的研究中心，推动着我国工程地质学的不断发展。

2.区域工程地质和区域地壳稳定性研究

受地质和自然地理条件制约，区域工程地质条件复杂。区域工程地质的研究对国土资源开发利用、工程规划布置以及地质环境保护等意义重大。20世纪50年代末，刘国昌、张咸恭、姜达权等人就开展了此项研究工作，出版专著和编制全国工程地质分区图。几十年来，各大河流域、部分省区和西南、西北山区都开展了较系统的区域工程地质和环境地质研究，积累了丰富的资料。经过数十年的努力，于1990年首次出版了1∶400万《中国工程地质图及说明书》，1992年出版了1∶600万《中国环境地质图系》。这些成果标志着我国区域工程地质环境研究取得了丰硕的成果。20世纪50年代末，我国学者谷德振和刘国昌倡导研究"区域地壳稳定性"，指出区域地壳稳定性是岩石圈内正在进行的地质、地球物理作用对地壳表层及工程建筑安全的影响，即地壳现代活动对工程安全的影响程度。其研究思路是以地质力学理论为指导，强调以地质构造研究为基础，以断裂活动性、现代地应力场和地震活动性为主要研究内容，最终进行区域稳定性分级，分区和评价。在该研究领域，胡海涛等依据李四光的"安全岛"思想，指导重大工程场址的选择，取得了重要成果，如二滩水电站和大亚湾核电站的成功选址。区域地壳稳定性研究对我国工程地质勘查来说，具有特殊的意义，这也是具有中国特色，且在国际上处于领先地位的研究领域。

3.环境工程地质和地质灾害的研究

环境工程地质是现代工程地质学的一个分支，是研究由于人类工程—经济活动所引起的区域性和危害人类及工程安全的工程作用的产生机制和条件并进行预测和防治，这些作用是诱发地震、地面沉降、地面塌陷、土地荒漠化、滑坡、泥石流等。我国正式研究环境工程地质始自20世纪60年代的新丰江水库诱发地震和上海的地面沉降。80年代初以来，共召开了四次全国性的环境工程地质学术讨论会，涉及的内容丰富多彩，对上海地面沉降的防治，区域性滑坡预测模型，有些研究成果在国际上处于先进地位。1995年刘传正出版了《环境工程地质学导论》，全面论述了环境工程地质理论体系，基本研究内容以及各类环境工程地质作用研究的内容和方法，展示了环境工程地质的前景。与环境工程地质相关的地质灾害的研究，也是主要由工程地质界承担的。近十多年来，对危及人类和工程安全的各种地质灾害，都进行了广泛而深入的研究。1989年1月召开的全国地质灾害防治工作会议期间，成立了主要由工程地质学家参加的全国地质灾害研究会，次年《中国地质灾害与防治学报》的创办，对地质灾害的研究起了促进作用，关于地质灾害的分类，形成机制、分布规律、预测方法及防治对策与措施等研究成果，及时在学报上开展交流。90年代还编制了《中国地质灾害类型图》，出版了段永侯等人的专著《中国地质灾害》。众多的研究成果及著作，还有具体防治工程的成功建立，确立了我国在这一领域的国际地位。

4.特殊土结构和工程特性的研究

特殊土指的是成分和结构特殊，其工程（地质）性质也属特殊的土类。如淤泥土、黄土类土、膨胀土、盐渍土、红黏土、多年冻土等。张宗、高国瑞、黄熙龄、孔德坊、李生林等学者长期以来对黄土类土、膨胀土和淤泥类土所进行的研究取得了卓有成就的研究成果，有关它们的微结构特征和分类、物质成分、工程特性及指标，建筑稳定性评价以及处理措施等，都进行了深入的研究。

5.工程地质勘查的理论和技术方法

工程地质学为工程建设服务是通过勘查工作来实现的。工程建筑与其所在的地质环境之间存在着相互作用和相互制约的矛盾关系，要通过工程地质勘查才能搞清楚。我国的工程地质勘查经历了三个历史阶段：第一阶段是1966年以前，勘查工作体制由全盘学习苏联到自主独立发展，勘查工作严格按规范要求进行，为国家基本建设的一批重大工程项目提供了地质依据。在工程选址和场地评价中，着重于工程地质条件的阐明和以定性评价为主。第二阶段是1966年到1978年，"文化大革命"期间工程地质勘查受到严重干扰而很不正常，破坏了基本建设程序，一些大工程搞了边勘查、边设计、边施工的"三边"方针，盲目简化勘查程序，有的重大工程实际上搞了一次性勘查，造成严重损失。第三阶段是1978年以来，以经济建设为中心的改革开放年代，形成了较完整的工程地质勘查体制，制定新的勘查规范，与国际接轨，勘查质量大大提高。在土木工程中引进欧美国家的岩土工程技术体制，两种技术体制并存。一些重大工程采取国际招标方式，以引进国外先进的勘查技术和资金。工程地质勘查工作进入了一个新的历史阶段。经过数十年实践和理论研究，逐渐形成和完善了我国工程地质勘查的理论体系，即"以工程地质条件的研究为基础，以工程地质问题的分析为核心，以工程地质勘查技术方法为手段，以工程地质评价决策为目的。"这一理论体系在张咸恭、王思敬和张倬元主编的《中国工程地质学》中得到了充分体现。我国的工程地质勘查事业在上述勘查理论体系的指引下取得了巨大成就。例如，三峡、小浪底、二滩、刘家峡、龙羊峡等一批巨型水利枢纽和水电站工程；大亚湾、秦山核电站；宝成、兰新、成昆、南昆、大秦、京九等铁路干线；还有许多新兴的城市、矿山等。在勘查基础上形成了"水利水电工程地质""铁路工程地质""矿山工程地质"和"城市及房屋建筑工程地质"等专门工程地质系列。

目前，新技术方法在工程地质勘探中被推广应用，已取得较好效果。例如，遥感图像（航卫片）在工程地质测绘填图中的应用；大口径钻进和小口径金刚石钻进在水电工程地质勘探中的应用；砂卵石层钻探与取样新技术；套钻和岩芯向钻进技术；声波探测、地质雷达、地球物理层析成像技术（CT）、钻孔彩色电视录像及图像处理系统等物探技术的使用；计算机技术在工程地质勘查中的普遍采用；各种专用软件的开发等。

三、工程地质学的未来

（一）国际工程地质学发展趋势

从世界范围看，工程地质研究继续由发达国家向发展中国家扩展。发展中国家的各类工程建设将以前所未有的规模和速度发展着，各种不同复杂程度的地质环境将向工程地质学家提出许多研究课题，也要求工程地质勘查技术手段不断创新和改进。由于岩石圈、大气圈、生物圈各层圈之间相互作用影响着，它们又具有全球观念，所以势必促使工程地质学家们从全球演化的角度来研究工程地质特征的多样性以及各层圈对工程地质条件的影响，进行全球性的工程地质研究和对比。作为地质学分支的工程地质学与工程科学、环境科学以及地球科学的其他分支学科关系密切，所以工程地质学与各相关学科更好的交叉和结合能够促进基本理论、分析方法和研究手段等各方面不断更新和前进，进而使工程地质学的内涵不断变化，外延不断扩展。此外，工程地质学必将融入现代数理化、计算机科学、空间科学及材料科学等更多的新鲜知识，以保证在未来的信息世界里工程地质学的适应性。

（二）我国工程地质学未来的任务和发展趋势

在21世纪上半叶，根据我国的发展战略，将大大提高综合国力，加速现代化建设。为保持较快的稳步发展速度，在能源、交通、现代城市化建设和矿产资源开发方面将要有更大、更快发展。同时，为了实施可持续发展战略，要重视环境保护，加强自然灾害的防治。我国的工程地质学应重点解决好环境工程地质、灾害防治等方面的问题以及复杂地质体的建模理论技术、崩滑地质灾害发生机理等工程地质方面的理论与技术的发展。

今后工程地质学的主要任务是研究并解决以下问题：

（1）环青藏高原浅表层动力学条件及其环境效益。

（2）深埋长大隧道灾害地质问题评价及预测。

（3）地下开挖的地面地质效应研究。

（4）流域开发及重大工程建设（前期、后期）的环境地质效应评价。

（5）城市（及重大工程建设区）环境地质信息系统及防灾减灾决策支持系统。

（6）沿海地区海面上升对地质环境的影响研究。

（7）城市垃圾卫生填埋处置的环境地质效应分析。

（8）核电站选址及中–低放射性核废料处置的环境地质效应研究。

今后工程地质学应重点发展的理论与技术有：

（1）复杂地质体的建模理论与技术研究，深化开挖卸荷条件下节理岩体的力学响应及其地质—力学模型、深埋（埋深1000～2000米）条件下岩溶介质的地质—（水动）力学模型和强震条件下水—岩力学作用模型及工程岩体稳定性的研究工作。

（2）崩滑地质灾害发生机理及其非线性评价预测理论，加强灾害性地质过程的非线性及全息预报系统理论研究。即以系统工程和信息工程理论为基础，针对地质体结构和信息源的复杂性，充分考虑地质体可能发出的各种信息，采用信息工程理论对多源复杂信息进行加工处理，再将传统的确定性预测方法和处理复杂系统与探索复杂性的非线性理论有机结合，建立灾害性地质过程的全息预报系统理论。

（3）新一代地质灾害评价与防治理论——地质灾害过程模拟与过程控制，全过程动态模拟的主攻关键问题是复杂地质结构体的三维描述、基于复合材料的复杂介质体结构模型、崩滑地质灾害全过程的数学—力学描述及结构关系（重点是大变形描述理论和变形耦合理论）、全过程模拟的数学力学算法，关键是三维算法及其数据结构、治理工程的模拟及动态优化理论和全过程模拟的成本成像技术。

（4）高精度工程地质解释系统。基本构架包括三维地质数据库管理系统、二维和三维地质资料分析处理及成图、人机联作数据–图形分析处理系统、高精度层析成像技术和高精度定量分析预测技术。

（5）灾害评价与预测的3S技术。3S手段特别适用于区域地质灾害及地质环境的评价与管理决策，这方面研究在国内外地学研究领域中尚属起步阶段。3S技术核心是地理信息系统GIS，在环境工程地质领域GIS技术应用于空间环境、灾害、工程地质信息系统及数字制图，建立地质环境质量综合评价与管理系统以及建立地质灾害动态监测、评价与空间预测系统。综上所述，随着人类工程建设事业以及有关的科学理论和技术的迅速发展，工程地质研究不仅在广度上正在开辟新的、更加广阔的领域，在深度上也将进入一个新的境界，而且工程地质学理论也将会与有关的学科理论相联系、交叉，形成新的独立学科。

第三节　水工环地质调查现状与趋势

目前，我国各个行业的发展速度都在不断加快，以往水工环地质工作开展并没有融入生态绿色理念，对环境发展造成了一定的负面影响。特别是社会经济结构中污染物排放量较大、资源能源需求程度较高的企业，对自然环境发展造成了严重威胁。

虽然随着科学技术不断发展，我国水工环地质调查工作也取得了一定进步，但是据该项工作发展现状分析，其发展形势并不乐观。不仅对我国生态环境发展造成了严重阻碍，甚至还会导致一些自然灾害发生，对社会经济发展以及人们的正常生活造成干扰。对水工环地质调查工作现状以及未来发展趋势进行深入探究是具有重要意义的，下面就对相关内容进行详细阐述。

一、水工环地质现状分析

为了进一步加快我国国民经济发展，我国对重工业发展给予了高度重视，矿产资源开发力度也在不断加强。在改革开放政策落实后，我国第一、第三产业取得了非常可观的发展成就，在我国经济结构中所占有的比例也在不断提升。工业化发展迅速导致环境污染问题越来越严重，追溯其根本原因就是开采方式不合理。我国水工环地质调查工作现状并不是十分乐观，其中存在的问题主要表现在以下几个方面：

第一，矿产资源严重缺乏。煤炭、金属等矿产资源是我国社会经济发展所需求的重要资源，这些资源都具有不可再生的特点，而且矿产资源形成需要花费较长的时间。因为以往资源开采没有经过合理性、科学性的规划，毫无节制地进行矿产资源开采，导致我国矿产资源应用越来越为紧张。我国机械化水平与西方发达国家相比较还需要进一步提升，很多矿产开采技术、设备不够先进，导致矿产资源开发效率较低，开采中浪费情况非常严重。矿产资源开采没有结合生态化理念，对区域居民正常生活造成了严重干扰，对我国社会经济发展也造成了一定限制。根据科学调查所显示，我国社会经济发展对煤炭、黄金等资源需求量较大，为了满足社会经济发展需求，这些资源的开采力度也在不断加强，致使我国资源紧缺情况越来越为严峻。

第二，生态环境污染严重。我国矿产领域发展与西方发达国家比较起步较晚，虽然经过一段时间发展取得了可观成就，但是矿产开采理念过于落后，根本无法满足我国现阶段可持续发展战略落实的实际需求。主要表现在矿产开采企业并没有树立良好的环保意识，矿产开采过程中只是注重开采量，对矿产开采区域周围环境保护采取了忽视态度。最终造成的后果就是生态环境污染严重，矿产区域附近流域水体质量大幅度降低，甚至一些区域还会发生严重塌方情况。环境污染问题是水工环地质工作落实需要重点解决的内容。

第三，缺乏高素质的水工环地质工作人才。我国政府部门对水工环地质调查工作开展非常重视，并且设置了专门的机构组织专业人才开展这项工作，对水工环地质调查工作开展进行约束和规范。但是还有很多地方区域高素质水工环地质工作人员缺失严重，主要是因为水工环地质调查工作环境非常复杂、艰苦，工作开展对工作人员专业素质与职业道德素质有着较高需求。因为人才梯队建设不够合理，导致我国水工环地质调查工作开展受到了严重阻碍。

二、改善水工环地质措施分析

我国水工环地质工作开展中还存在着较多不良问题，想要对这些问题进行根本性的改善，需要对水工环地质工作理念进行转变，注重工作经验的积累和沉淀，找寻满足符合我国水工环地质工作发展的新思路。要结合我国现阶段发展战略，制定水工环地质工作控制标准。水工环地质工作开展中，必须要融入生态保护理念，要考虑到我国可持续发展战略落实的实际需求，从根源上避免工作落实时对环境可能造成的污染。人才是我国水工环地质工作发展的根本与基础所在，必须要注重高素质水工环人才培养。各级政府部门对该项工作落实要有长远的规划，对工作落实相关制度进行健全和完善，使得各个工作环节开展都可以有章可循。要对工作环境进行改善，保证水工环人才梯队建设的合理性，为水工环地质调查工作发展做好人才保障。

三、水工环地质调查工作发展趋势分析

理论研究是工作实践的基础所在，对工作实践可以起到积极的引导作用。在社会各界以及政府部门的高度重视下，为了满足水工环地质工作开展需求，弥补以往水工环地质工作开展中存在的不良问题，水工环地质调查工作未来必定会朝着以下几个方向发展：

（1）水工环地质调查工作开展未来还会融入崩滑地质灾害发生机理及其非线性评价预测理论，工作开展中工作人员会对地质体结构、信息元等众多信息资源进行收集、整理和分析，结合确定性预测方法，构建科学、完善的灾害性地质过程全息预报系统。这一系统的实际应用不仅可以有效预测可能发生的地质灾害问题，同时还能客观评定地质灾害可能造成的不良后果。

（2）地质灾害评价及模拟控制。全过程中动态模拟的研究重点在于对地质结构体进行三维化的描述，利用先进的计算机软件对过程进行模拟，借用动态优

化理论的优势使得灾害全过程可以全面化、可视化的对人们进行呈现。这一理论应用可以为建筑工程项目规划、设计工作开展提供良好依据，同时还可以加强不良地质灾害的防范，避免地质灾害造成严重损失。

（3）灾害评价与3S技术。3S技术作为水工环地质工作与技术深度结合的产物，较为适合区域地质灾害、地质环境评价。3S技术的核心是GIS技术，在实践应用中，该项技术能够应用于空间环境、灾害等各项工作。

水文环地质工作开展专业性较强，与社会经济发展有着非常紧密的联系。但是受到工作理念、技术水平等众多因素影响，导致工作落实中还存在着很多不良问题。要注重技术创新，加强高素质专业人才培养，提高资源应用和开采力度，从而使得水工环地质调查工作可以更为良好地为社会经济发展而服务。

第二章

水工环勘探技术

总体上来说，用于石油勘探的地球物理技术都可以用于水文、工程和环境（水工环）地质勘查，但是一般需要针对浅层的特点在技术上作一些必要的改进。由于物探技术能提供多种描述地质材料的物理参数并具有速度快、成本低和不破坏地质环境的优点，在水工环勘查的历史上已经得到了广泛的应用。近十年来，在时空域内利用高分辨率技术勘查地质目标的成功，使水工环物探勘查技术取得了长足的进展。这段时间内，水文物探取得的主要进步有以下两个方面：一是成功开发核磁共振找水仪器和技术并在世界范围内取得较好的应用成果，它标志着物探技术已开始从间接找水向直接找水过渡，是一次技术上的飞跃；二是物探技术的应用已从单一的找水、定井扩大到为地下水管理提供资料。随着探地雷达、高分辨率地震、层析成像等技术进一步改进和广泛应用，在很大程度上提高了工程物探解决问题的能力。20世纪90年代是环境物探最终形成的关键年代。在这十年内，环境物探得到了世界主要国家地球物理学会的正式承认，一些国家的政府也开始给予环境物探事业更多的支持，这对促进环境物探的发展具有深远的影响。

鉴于水工环物探技术和应用的范围广，多年来国内外公开发表的论文和报道已对有关的技术系列和应用做过详尽的介绍。所以本文仅就近十年来具有代表性的传统技术的改进、新技术的发展及水工环物探的新应用领域作一概括的介绍。

第一节　地震勘探

地震勘探方法是目前我国用于水工环地质调查的主要物探方法。它通过研究人工激发和接收的地震波的运动学和动力学特征来调查地质问题。地震勘探的方法有近十种，以下仅对主要的方法——反射地震、折射地震、横波勘查、面波勘查、三维地震予以介绍。

一、反射地震

目前，反射地震是浅层勘查中得到最多应用的地震方法。虽然80年代它才在水工环地质调查中得到应用，但是现在已经形成比较完整的浅层反射地震技术系列。

（一）资料采集技术的改进

（1）地震共中心点叠加的野外资料采集中，需要大量的劳力埋置检波器。为了提高效率，降低成本，国外研究出了一种陆地检波器拖缆，使用万向接头，可以自动确定方向。在瑞士两个试验场地的应用成果说明，该设备在技术上解决了检波器与大地间的耦合问题，只需二、三人作业，即可完成过去10余人的工作，并且能取得与原来一样好的效果。

（2）最佳资料观测时窗的重新提出。亨特等提出的最佳资料观测时窗技术，要求在选择炮检距、高通滤波器、检波器及震源时，应特别注重主要目标反射波的探测。该技术在促进当时反射地震的发展中起到了重要作用。在反射地震仪器、处理设备及技术均得到长足发展的今天，一些适合浅层地震工作的场地仍可以利用这种简单的方法来取得很好的浅层地质构造信息（当然，对目前应用最佳资料观测时窗的技术背景已作了较大的改进），这样可以节省一笔可观的费用。为了引起地震工作者对最佳资料观测时窗技术的重视，怀特利在评价曼谷周围地面沉降问题中最佳资料观测时窗所作出的重大贡献；提到它在世界上许多大城市面临的地面沉降问题中可以发挥的作用。

（二）具有指导意义的震源试验成果

震源的选择对取得良好的浅层反射勘查成果非常关键。这是一个既重要而又往往被忽视的问题。为了给浅层地震勘查提供可选择震源的基本资料，多年来美国国际勘探地球物理学家学会等机构相继组织了多种震源在不同类型地质条件下的现场对比试验。这类试验的技术含量高，费用昂贵。专家们根据选择最佳震源的基本条件对试验成果作了评价。对今后地震实际工作具有重要指导意义的试验有：

（1）在新泽西州、加利福尼亚州和休斯敦的试验中，分别用多种震源做了对比试验。理查德米勒等人对以上三次试验成果作了简单的概括。

（2）在前三次试验成果的基础上，美国田纳西州橡树林保留地做的震源试验与前几次的试验不同。本次试验用了脉冲和振动两类震源，探测目标深度比原来深，在不同的地质环境下试验。试验资料提供了125个点的垂直地震剖面的噪声测试资料，包括35种振动震源和4种脉冲震源。将频谱白化法用于资料处理后，IVI Minivib震源能提供最佳的图像，反射波连续、清晰；不用白化法处理，IVI Minivib和Bison弹性震源取得的资料比较一致。

（3）用于高分辨率勘查的轻便振动系统。针对浅层工程物探中探地雷达深度达不到，而一般地震方法又觉得太浅的问题，最近推出了一种轻便、高分辨纵波电磁地震波振动系统。只需对系统产生的电磁信号做简单的调剂，就可以单独地控制穿透深度和分辨率。提供的代表不同地质、场地条件和探测目标的七组试验成果指出：①在有利条件下，目标埋深为10~30m时，最高分辨率可达到20cm。②在城市沥青环境中，很容易激发出高频能量。③对埋在松软土0.5~5m深的很小且离得很近的物体，在频率大于300Hz的情况下，探测到了明显的反射同相轴。

（三）资料处理及解释方法研究

（1）将石油反射地震资料处理技术应用到浅震资料时，有许多问题需要研究。国内外对这些问题做了深入探讨。如Linus Pasasa等已成功地将基尔霍夫深度偏移预叠加用于从德国一废物场地采集的浅层地震资料的处理。它简化了传统CMP（Chip multiprocessors）的处理程序，只需对速度–深度模型做出评估和深度偏移预叠加，而不需要区分炮点资料中的反射波和折射波。用该种方法处理的资料在分辨率和信噪比方面有了很大的提高。

（2）采集浅层反射资料时，需要利用高频率和宽频带。但这样做会给后续工作带来麻烦，如地滚波的空间假频；错误地将处理后的空气波及空气耦合波当作反射波来解释；在CMP（Chip multiprocessors）剖面上将折射波解释为反射波以及处理中带来的一些人为现象。Don.W.Steeples等人在浅层地震反射勘探的陷阱研究中，对识别、回避或消除这些干扰作了详细的研究。

（四）应用领域拓宽

近年来，反射地震方法的传统应用领域在不断扩大，探测的目标也越来越复杂。国内外在探测第四系厚度和基岩起伏、含水层和古河道，断层、裂隙带等地下构造，滑坡及落水洞，以及地表沉降等方面已经取得了丰富的经验。考虑到已有许多关于传统应用领域的资料可供参考，所以这里只对有代表性的新应用领域作一简单介绍。

（1）为水资源管理提供资料。美国西雅图北部皮吉特湾内一个小岛（特别是沿海地区）的人口迅速增长，水资源的数量和质量成了阻碍这种发展的最重要因素。科学的水资源管理方法取决于预测地下水准确模型的开发，而准确的模型则在很大程度上依赖于对地下水系统的几何形状的恰当评价。为了给该岛复杂地下水环境的管理模型提供资料，John、H.Bradford等人利用浅层地震反射剖面对该岛温带冰川沉积层中的浅部含水层做了调查。用迭代倾斜时差速度分析对取得资料的速度结构作了分析，最终得到了一张质量得到很大改善的迭后深度偏移剖面。该试验说明，即使在复杂环境条件下，也可以利用反射地震为水资源管理提供有用的资料。

（2）潜水面及饱和度与反射图像之间的关系的应用试验。精细的研究成果已经指出，潜水面并不是一个简单的地震界面，而是在非封闭含水层条件下的地下水带与毛细带的分界面。为了更好地了解水文地质意义上的潜水面和它的地震图像之间以及在不同湿度条件下地下界面与排水间的关系，Ram Bachrach等人在海岸沙滩上利用高分辨率地震做了试验。试验结果指出，①可以对2m深左右的浅部潜水层反射面成像。②该反射面与水文地质上确定的潜水面不一致，地震波只对部分饱和也就是说仅对地层中过去的水流敏感。③可以直接利用孔隙沙内的地震速度反演饱和度。以上这些结果对利用浅震监测地下水力学动态很重要。比如在抽水期间如果需要监测潜水面变化时，地震响应将只受饱和带剖面而不受潜水面本身的控制。这一结论与Birkelo等人在一次用高分辨地震监测抽水试验中的成果一致。在那次试验中发现潜水位的地震图像与上层滞水的水位系统及饱和带顶部相一致。另外，反射地震对饱和带成像的能力，对确定地下非均匀体的位置也很有用处。

（3）提供研究古气象的资料。近年来，充填更新世冰川构造的沉积物对研究古气候已经越来越重要。在较小、封闭、盆状（或似碗状）构造中的沉积旋回能为研究古气候的变化提供有用的资料。在德国北部Tostedt附近的这类构造上做了二维高分辨率浅层反射地震勘查。Tostedt构造内，30m、40m和50m深度的反射波与魏克塞尔冰期的三组间冰段之间的相关性很好，由弱反射波确定了该构造的底部（最大深度为70m）。发现Tostedt构造被埋在一个比它大许多、从前未预计到的具有相同形状的凹陷内。高振幅反射波确定了该凹陷的底部边界（深130m）。反射地震勘查资料确定了两个似碗状构造完整的冰川成因。

二、折射地震

折射地震是最早用于水工环地质调查的地震勘探方法。由于野外施工需要大排列和强震源以及自身的灵敏度和分辨率不高等技术缺点，其应用的主导地位已逐渐被反射地震法取代。目前，对传统方法的改革和创新虽然不十分活跃，但也有了一些起色。折射地震仍不失为一种主要的物探方法（特别是在工程地质领域）。

折射方法的优点是能提供较准确的地震波速度资料，但是不能提供地质构造的准确信息；而反射地震则能提供地质构造的详细信息。在目前的浅层调查中，出现一种将折射地震和反射地震结合起来使用的趋势。比如，虽然100～150ms是浅层的重点探测目标，但叠加的反射资料却往往在这段时间内得不到良好的效果；而由折射炮点道集中的波场推出的速度模型却能提供浅层构造的地层横向变化信息。这些速度模型可用于：①在不能可靠描绘反射波双曲线为叠加处理提供速度资料时，提供叠加所需的速度。②炮检距不大使反射双曲线的正常时差校正量较小时，提供层速度资料。已将从得克萨斯和新墨西哥州采集的浅层反射资料用折射模型提供的速度处理，处理后的资料及其解释成果的质量得到了提高。

三、横波反射法

横波是一种质点振动与波传播方向垂直的地震波。在横波勘查中，一般利用方向性振源激发地震波。在国外虽然有一些关于利用反射横波勘查的报道，但由于实际工作中很难将反射波从乐夫波（一种面波，在地震记录上的到达时间与横波相同）中分离出来，这成了横波反射法发展的致命弱点。不过，Bradley J.Carr等人的新见解或许能给横波应用带来希望。他们在冰碛物的横波研究实例中，利用单个振电雷管激发出可供地震仪检测的横波；并且在地震记录中能将横波从面波中辨认出来。通过同一测线纵、横波实测资料的对比，发现横波资料的垂直分辨率为1.5m，横波垂直剖面法的分辨率为0.75m；即使这样，横波的垂直分辨率也比纵波的（2.6m）高。他们得出结论，横波反射不但可用于非固结地质材料的调查，而且还能提供与场地冰碛物单元有关的构造关系的信息。

四、瑞利波勘查

瑞利波是沿地面传播的地震波，是面波中的一种。利用瑞利波勘查只有十多年的历史。瑞利波勘查方法可分为稳态法和瞬态法两种。美国最先提出瞬态模式的瑞利波勘查，但是未付诸实施。日本提出了稳态模式勘查，并与中国分头成功研制稳态仪器并付诸实施。在稳态瑞利波的研究方面，中国发展了多道仪器和井下防爆仪器，使瑞利波勘查在独头巷道的超前勘查中发挥了重要作用。通过理论和试验两方面的研究，在资料采集、处理和解释方面都取得了显著进展。这些进展包括：发现"拐点"和"之"字形异常，曲线上地层界面的两种基本异常形态；根据单条曲线的形态，可以确定洞穴、裂隙、松软等地质异常的基本类型；获得了深达一二百米以上的实测资料。稳态瑞利波法已经成功地应用到许多大中小工程项目之中，解决了一些复杂的工程地质问题。在勘探深度、解释精度和空洞判断准确率方面都达到了较高水平。

瞬态瑞利波法是一种近年来才用于实际勘查的比较新的物探方法。它用人工震源产生所需频率范围的瞬态激励，通过测量不同频率瑞利波的传播速度来探测不同深度（几十米以内）的岩土介质性质，进而推测岩石分层、断层、岩溶、洞穴等。该方法具有设备轻便、施工灵活、资料直观、精度高、受干扰小等特点。目前，在地基覆盖层、防空洞、路面厚度、煤矿井下掘进超前、巷底层间距、顶煤厚度及巷道的探测中，均取得了较好的地质勘查效果，证明了瞬态瑞利波法具有较高的实用价值和良好的应用前景。

在瑞利波勘查的研究中，李锦飞提出了多分量瑞利波勘查的技术思想和方法，并成功研制专用防爆型多分量瑞利波勘探仪器。通过用极化分析方法对瑞利波记录的多分量信号的研究，提出了用极化滤波提取有效瑞利波的方法。该方法在煤矿井下以及地面的实际应用表明，与单分量法比较，多分量瑞利波勘查在信噪比、穿透深度和可靠性方面都有一定的提高，具有一定的发展远景。

五、三维地震勘探

过去十年中，浅层高分辨率地震已逐渐成为浅层勘查的重要工具。虽然单独利用二维资料也可以对简单连续地质特征填图，但是提供复杂反射体的大小和形状就比较困难。从近年国外推出的三维地震勘探的实例可以看到，三维资料具有这方面能力。但是，由于资料采集和处理比较困难以及费用昂贵等原因，三维地震还没能得到较多的应用。从目前国外对浅层地质调查不断增长的势头以及三维技术本身的实力来看，笔者认为在我国推广三维地震也只是时日的问题。为此，将有关的主要技术简介于下。

（1）在规划三维地震勘探时，要准确定义勘查的主要目标。预计目标的最大和最小深度，横向范围要求的空间分辨率，探测浅、深部特征所需的最少叠加次数；最浅目标成图所需的炮检距，浅、深部反射速度可靠分析所需的最大偏移距和方位角范围；尽力收集目标区的地质及以往的地震资料（如最佳震源能量和频率，检波器的大地耦合特征等）。

（2）因为三维地震的复杂性及采集资料的数量巨大，所以不管其勘探规模如何，事前均需做以计算机为基础的设计。三维勘查的几何结构模拟使分配关键参数[如叠加次数，最大最小偏移、在单个CMP（Chip multiprocessors）面积元内分配方位角和偏移距等]成为可能。

（3）根据设计的要求确定勘查参数。Frank Buker等在三维地震试验中选择勘查参数的方法（勘查的目标深度都在50m以内）可供参考。

（4）资料采集方式。三维地震资料的采集方式根据对实施项目的估计来设计，一般包括互相平行的数条接受测线，检波器道数及间隔和线距根据估算确定。另外，需布置与接收线垂直，并互相平行的震源线。然后利用设置的检波器网接收每一震源的信号。为了使大多数的 CMP（Chip multiprocessors）面积元内有较多的小偏移距的纪录道，并能够对极浅（小于50ms）地层做可靠的成像和确定均方根速度，Frank等在最近试验中，在上述主采方式的基础上，又布置了第二采集方式予以补充。

（5）资料解释。目前的解释还未摆脱二维资料解释的局限，存在着以下一些不足。比如在解释中，虽然引进了人机联作交互技术，但以系列密集垂直剖面和水平等时切片联合解释为基础的工作方法不能克服在断层组合上存在的多解性以及难于确定一些特殊异常体的位置等缺点。为此，煤炭科学研究总院西安分院的程建远等人结合煤矿三维资料解释的实际，从三维资料体积解释思路出发，提出了一种三维资料振幅切片解释的新技术。该技术可用于任意走向断层的解释，还可以用于一些特殊地质体直观、快速的解释，空间分辨率较好。利用人机联作技术可以方便地勾绘平均图、等高线和等厚线图。在三维振幅切片的提纯处理上，可引入航卫片图像的空间滤波和图像增强处理技术，用于获得更高的信噪比和空间分辨率。

第二节　电法

　　电法是最早用于水工环地质调查的物探方法。它通过研究岩石的电学性质及电场、电磁场的变化规律来提供与水工环地质有关的信息。传统方法可用于探测盖层厚度、断层、裂隙、岩石单元、海水入侵、污染物羽状流、隐伏废物坑以及水坝稳定性和基岩强度研究。电法是目前用于水工环地质调查的主要物探方法，种类有数十种之多。本文仅就传统方法的一些主要改进及近十年来在我国得到实际应用的一些新方法介绍如下。

一、传统方法的一些改进及其应用

（一）反射系数K法在地质灾害评价中的应用

　　滑坡、塌陷的产生和发展与地下水密切相关。电阻率方法是调查地下水的主要方法，但由于含水和非含水层间的电性反差较小，单利用传统的测深方法，往往得不到满意的结果。近几年来广泛使用反射系数K法解释电测深曲线，提高了解释的效果。该方法通过对野外电测深曲线进行滤波处理，就能清晰地分辨地下探测深度内是否存在高频特性含水层。然后通过反射系数K法对ρ曲线进行定量解释，得到含水层埋深。陈绍求利用本方法对长沙某厂内外的滑坡、塌陷做了面积性的测深工作，利用K等值线断层图的分布规律显示出滑坡和塌陷的存在部位；利用单支K曲线的半值（$K_{max}/2$或$K_{min}/2$）法解释目的层深度，取得了良好的效果。

（二）FR法及其在日内瓦湖地质调查中的应用

　　了解湖底的地质状况对许多领域都很重要，但是当湖水深度超过100m时，利用常规物探方法调查的能力将受到限制。为了调查日内瓦湖底的地质状况，将一种被称为钓竿法的方法用于有关的调查。在湖面采集资料时，将其中的一根供电电极B和一根电位电极N分别置于资料采集船相反方向的"无限远"处。在测船所在测点上，一般需要做三类测量。第一类测量时，将M电位电极置于水面，逐次将供电电极B降到水底；第二类测量时，将供电电极A固定在湖底，逐次将M电位电极降到湖底；第三类测量时，将A、M间的距离固定在1/10湖水深度，再逐次将A、M电极提到水面。每次采集数据的空间距离保持在5%～10%湖水深度。完成一个测点后，转入下一点继续测量。用一维五层模型对FR法在日内瓦湖取得的资料作了解释。调查结果提供了湖底磨拉石顶面的等值线图，冰碛物沉积层的等厚图及等电阻率图。等电阻率图清楚地圈出了日内瓦湖中阻抗性航道的全貌。

（三）综合单极–偶极测深法的应用

该方法类似国内的三极测深法，只是在电极排列布置上有些差别。比如将电位电极MN按一定距离布置好后，在MN中垂线的"无穷远"处设置固定供电电极B，然后在过MN中点O与MN成 θ 角（ θ =0°～30°，或150°～180°，180°～210°，330°～360°）的射线上移动另一根供电电极A，通过这样一系列的测量来完成单极–偶极的资料采集。利用该方法和传统的施伦贝尔测深法在印度北方邦的V沉积岩区做了对比试验，两种方法取得的资料非常相似，解释成果的差别均在误差允许范围内。将电法资料与钻孔资料作了对比，取得了良好的一致。值得提出的是，单极–偶极测深法并不能取代传统的施伦贝尔测深法，因为前者需要的供电量比后者大得多。因此，单极–偶极测深法只适合那些狭窄场地，施伦贝尔法不能在布线的地方（如居民区）使用。

二、新仪器和技术的发展

十年来在我国得到应用的最具代表性的新仪器和技术有：

（一）瞬变电磁法属时间域电磁感应法

它利用接地电极或不接地回线通以脉冲电流，在地下建立起一次脉冲磁场。在一次场的激励下，地质体将产生涡流，其大小与地质体的电特性有关。在一次磁场间歇期间，该涡流将逐渐消失并在衰减过程中，产生一个衰减的二次感应电磁场。通过设备将二次场的变化接收下来，经过处理、解释可以得到与断裂带、采矿中的陷落柱及其他与水有关的地质资料。煤炭科学研究总院西安分院多次利用瞬变电磁法实际勘查地下洞体。在施工条件十分恶劣的北京门头沟矿区，用该方法成功地探测出了150m范围内的老窑，后经钻探验证，成功率达80%。目前，国内外推出的仪器系列比较多，如物探方法中所提出的瞬变电磁系统，具有瞬变电磁法的全部功能，可实现多种形式的组合，可用于野外不同要求的快速测量。

常规物探方法受环境限制大，难于开展水上作业。而瞬变电磁法则受环境影响较小。在我国某国道的桥址探测中，利用瞬变电磁法最终获得了场地的p_B-h断面图。从图的上部到下部，出现了多个水平方向的视电阻率高梯度异常。分析认为浅部高梯度带为河水和河床沉积物接触带的反应；第二个断续高梯度带为灰岩与溶洞的接触带。据此圈出了两个溶洞和一条裂隙。后来，该成果均得到了钻孔的证实。

（二）电磁法成像系统及其应用

电磁法成像系统是一套电磁信号自动采集和处理系统，由美国BMI公司和Geometrics公司联合开发生产。该仪器将可控源音频大地电磁法和大地电磁法的两种仪器有机地结合起来，实现10Hz～100kHz范围内信号的连续采集。该系统轻便灵活，分辨率高，不受高阻盖层影响，可以用于单点和连续剖面测量。完成各测点测量后，可获得电磁场功率谱、视电阻率、相位、相关度、一维反演等资料；在现场取得三个以上连续测点资料时可以提供拟二维反演成果。电磁成像系统可用于水文地质、工程地质调查及基岩填图等领域。原地矿部水文方法研究所利用该系统在西北戈壁找到了饮用水。在黄土旱塬隐伏岩溶区找到了丰富的地下水。原核工业部北京地质研究院利用电磁成像系统在中蒙边界、新疆和云南的砂岩缺水地区找到了饮用水。

（三）仪器系统朝多用化和轻便化的方向发展

近十年来，电磁法仪器系统发展很快，一机多能是现代地面电磁系统发展的一大特点。美国劳雷（LAUREL）公司推出MT-24地电磁系统并在凤凰公司推出

V-5多功能卫星同步电磁系统之后，该公司又开发出USEM-24多功能24位电磁成像系统，它可以用于多种电磁信号的采集。轻便、使用方便是环境物探仪器发展的另一个特点。目前国内外都连续推出遥测阵列系统，通过卫星同步，原则上可无限增加传感器数目，一次测量中可覆盖大面积测区。

三、新的应用领域

（一）电法已从传统的地下水普查、找水定井的应用扩大到地下水管理方面的应用

比如利用该方法为Waikoloa村的地下水管理提供资料。夏威夷Waikoloa村的用水全靠储存在地下透镜体中的天然降水，因此，勘查和保护这部分地下水格外重要。为了做好管理，必须提前了解：①淡水透镜体的深度；②透镜体的厚度和横向延伸；③补给量和安全出水量。在实施该开发保护计划中，利用该方法提供了上述三条要求中的前两条所需的资料，整个的勘查费用仅占凿一口井所花费用的一小部分。另外，已将该方法用于情况更复杂的管理项目中；这些项目包括沿海地区含水层的海水入侵、海湾下淡水体的延伸范围等。

（二）利用电测深资料估算含水层参数

近几年来，国外将地面测量电性参数用于估算水文地质参数，并且取得良好的效果。这类例子较多，如德国的A.Weller等人利用频谱激发极化法确定岩层的渗透系数。在印度西北部Jalore半干旱地区的12口钻孔旁做了12个电测深，获得了包括4～5层的五种类型测深曲线。通过解释，最终取得最佳拟合模型与岩性间的一致。之后分别计算出试验点含水层的标准电阻率和标准横向电阻率，发现标准含水层电阻率与水力传导系数密切相关；而导水系数则与标准横向电阻率相关。这里需要做一个重要的说明，即使在最好的条件下，在确立地下水的状态中电法也代替不了抽水试验。如果将二者有机地结合起来，就能得到解决问题的最佳效果。

（三）评价地质环境污染

当地质环境受到无机或有机物污染时，将引起受污染范围内介质的电阻率

（或介电常数和激发极化响应）的变化。可以利用电法仪器将场地的这种电性变化记录下来。经过资料处理和解释，就可能获得与受污染位置有关的信息；如果定期对受污染场地及其周围测量，就可以得到与污染物传播途径、传播速度、相对浓度以及污染物羽状流前沿位置等有关的信息。美国环保局十年前公布了"固体废物处置场地的电阻率方法评价"报告，以官方名义向社会推荐了地质环境污染的电法勘查技术。发达国家已将电法广泛用于探测诸如化工厂、垃圾处置场地对地质环境造成的无机污染。利用电法探测有机物污染比较困难；但是，国外也不乏成功的探测实例，如用EM-31仪器探测到了美国一工厂内几处与隐伏有机物有关的污染源，在用钻孔验证时，还冒出了难闻的臭味。

第三节　探地雷达（GPR）

探地雷达是一种既古老而又年轻的物探技术，90年代以后才在我国得到较多的应用。多年以前，国外就曾利用该技术做过不可见目标的探测试验，美国地球物理勘查设备公司是第一个研制成功SIR探地雷达系列，并取得一批实用成果。由于探地雷达技术具有其他物探方法无与伦比的浅层高分辨率的特点，近年来该项技术已取得长足的进展。仪器不断更新换代，资料采集、处理、显示和解释方法不断革新，应用领域不断扩大。目前，探地雷达技术已成为地质调查的一种重要技术。

一、基本原理简介

探地雷达技术是一种高频（10~1000MHz）电磁技术。但是，它的工作方法却与地震相似。通过探地雷达天线向地质体内发射一种短脉冲信号。信号在地质体内的传播主要取决于地质材料的电特性。当这种电特性发生变化时，探地雷达信号将发生反射、折射等现象。利用放置在相应位置上的接收器将信号接收下来，经放大、数字化处理和显示，为解释提供必要的数据和图像。除人们熟悉的反射工作方式外，探地雷达还有多种工作方式，如共中心点、广角反射、折射和透射等。各种方式都可以用于探测信号在地下的传播速度和能量衰减。影响探地雷达探测深度的因素主要有雷达系统的本身性能（如频率、能量等）和被探测材料的物理特性。

二、仪器的发展

（一）国外的主要进展

（1）SIR探地雷达系列代表了首批可在商业上使用的仪器系统。日本的YI公司推出了GeoRadar系列；微波公司推出了MK探地雷达系列；A–Cubed公司与加拿大地质调查所合作，推出了高性能的数字雷达；瑞典地质公司及日本公司等还研制了可用于跨孔测量的孔中透视雷达系列。

（2）探地雷达仪器还有一些新发展，例如多态雷达系统、层析雷达系统。三维雷达技术具有明显提高解决浅层地质问题的能力，但却因耗时费力得不到普遍的应用。为此，Frank Lehman等研制出全自动的组合地质雷达激光经纬仪系统。利用该系统，一人可在2h内完成25m×25m范围的三维数据采集。三个方向上的定位精度为±2.5cm。数据处理、成图可在1h内完成，比传统方法的效率提高5~10倍。

（3）仪器轻便、结实、通用是仪器厂商和用户追求的目标之一。为实现该目标，加拿大的一家公司先后推出了Noggin250、500型探地雷达仪器，将该公司生产的Pulse系统的全部雷达功能压缩在一个简单的Noggin轻便仪器箱内。但该仪器不仅是对原仪器进行简单的压缩，而是从基本设计原理上进行了改进。将Noggin与该公司研制的软件"SPIView"配合使用，用户则可以通过简单的操作在无限卷图上查看数据图像。

（二）国内的进展

我国引进了一批地质雷达仪器并将它们用于工程和灾害地质调查。近年来，国内地质雷达仪器的研制也取得了较大的进展。煤炭科学研究总院西安分院物探所成功研制了适用于矿山防爆要求的防爆型矿井雷达系列。原电子工业部第二十二研究所相继成功研究了LT–1，2，3型探地雷达。航天工业总公司爱迪尔国际探测技术公司推出了商品化的探地雷达系列产品。国内外生产的多种类型的探地雷达仪器，一般都具有较好的性能，可供不同探测目标选用。

三、资料采集、处理和显示技术的进展

探地雷达资料由单点采集过渡到连续采集，使探地雷达技术的应用向前迈进了一大步。

地震资料处理的方式基本适用于探地雷达资料的处理。为了更好地将石油地震的先进技术引进到探地雷达领域，一些公司之间开展了合作。比如，SSI公司与地震图像软件公司达成协议，SSI公司按地震资料输出格式设计Pulse探地雷达系统，将地震图像软件公司开发的地震资料处理软件用于探地雷达资料的处理。这些软件包括各类滤波、反褶积及资料显示等。

近几年来，国内外专家对各类模拟方法做了研究，如How-Wei Chen等利用时间域交叉网格有限差分数值法，在二维介质内研究、试验、补充了数值探地雷达波传播的模拟。另外，出现了一些利用探地雷达信号能量衰减层析成像的方法，如应用频率漂移法的电磁波衰减层析成像法、利用形心频率下移的雷达衰减成像方法等。

SSI公司的改进型的软件——EKKO三维2型软件。采用三维2型软件，用户可以在方便的条件下试验下述不同软件的组合处理，以便提高数据的立体特征。该三维软件包括去频率颤动、噪声滤波、背景清除、包络线和偏移。在资料显示方面，有的学者提出了将石油工业的四维技术用于时空域内采集的探地雷达资料，这样就有可能制成流体（如污染物羽状流）在地下传播的电影图像。

透射法取得的资料必须经过处理才能显示成解释所需的资料。SSI公司开发出可用于将探地雷达透射资料变换成可用于解释图像的软件。

针对当前探地雷达技术的应用研究中，只侧重探测能力试验和数字模拟研究而对探地雷达资料解释研究不够的现状，雷林源提出了与探地雷达资料解释工作有关的基本理论和方法以及一些基本问题的求解。提出的基本问题包括电磁波在地层中传播的波阻抗；地层分界面上电磁波场强的反射与透射系数；地层中电磁波速度和反射波的相位以及探地雷达探测深度等。

四、应用及应用研究实例

探地雷达技术经过多年的发展，证明具有多方面的用途。国内刊物对一些普

通的应用已给予了较多的介绍。这些应用包括：在水文地质方面可以用于浅部地下环境调查，土壤–基岩面探测，基岩节理、裂隙和层理的确定；在工程地质勘查方面可用于调查地下埋藏物，隧道、岩溶、建筑地基评价，道路、桥梁、水坝探测和质量无损检测；在灾害地质勘查方面可以用于滑坡、隐伏洞穴的探测以及考古方面的用途等。本文就探地雷达在地质环境污染、农业、军事等方面的应用实例作简单的介绍。

（一）调查地质环境污染

（1）一座建立在石灰岩地区的硝化纤维厂，由于污水的泄漏导致硝化纤维对地质环境的污染。为了探测地表至潜水面（约60m）岩溶结构可能捕获的硝化纤维，在18个30m深和7个50m深的钻孔中做了井中雷达探测。对收集到的资料作常规处理后，采用惠更斯–基尔霍夫叠加法绘制出三维雷达图，从深度为10m的重建图像上可以看出几个受硝化纤维污染的位置。在后来的开挖中，证实了探地雷达的探测成果。

（2）探测碳氢污染物试验。多年来的野外工作和试验已证明探地雷达具有调查地质环境污染的能力。国外专家在1m×0.4m×0.5m箱体中做了精心的试验，试图再一次验证探地雷达探测污染的能力，并用相关模型说明雷达响应与一些水文参数间的关系。通过试验和探地雷达数据的处理和解释得出结论：在污染物达到饱和时，利用探地雷达探不到潜水面；在相邻未受污染区可探到潜水面时，探地雷达可用于监测潜水面上的污染物；小型实验有助于探测或验证砂质土壤的水文地质参数，如毛细作用水头、污染物羽状流的传播速度；探地雷达能成功探测石油污染。

（二）农业方面的应用

（1）沙漠中的沙丘和沙席是雨水良好的储集层，有可能成为灌溉的水源。利用探地雷达在沙特东部沙漠区做了探测。探测结果划出了圆顶形沙丘上部与其下部盐层间的界面、沙丘内的交错层理及潮湿带；探测还指出，圆顶沙丘可能是新月形沙丘的演变结果。在另一个沙漠场地的调查成果指出了沙丘内水流传播的两条可能途径。

（2）探测土壤含水量。自然土壤中的含水量是影响介电常数变化的主要因素。A.Chanzy等利用地面和空中两种方式的探地雷达试验，证明探地雷达测量数据与土壤含水量间具有很强的联系，可以用探地雷达技术探测土壤中的含水量。

（3）美国正在形成现代化的农业生产，探地雷达技术被用于探测特殊农业场地的土层、上层滞水、脆盘土层、水文优先流径和压实土壤等与现代化农业有关的土壤信息。

（三）按时探测古灰岩洞

前几年已有一些介绍利用探地雷达技术探测一般洞穴的文章，但未见到探测古灰岩洞及其塌陷特征的报道。为了配合开发美国得克萨斯州老灰岩洞的地下水，对该区的溶洞系统作了详细的研究。探地雷达资料显示了未扰动的主岩、过渡构造（如张性裂隙、古溶洞壁及洞顶等）和各种规格的角砾岩的分布。本探测成果证明，探地雷达技术是调查近表灰岩系统及塌陷古溶洞有关特征的有效方法。

（四）南极永冻场地安全检查

在一个南极考察计划利用的场地内，发现地下0.3～0.5m位置的冰内有一些融水坑（据中央电视台报道，我国南极科考队也发现了与此相似的冰水湖），它们将给场地的利用带来负面的影响。为此，利用探地雷达对场地进行了调查。通过对记录的绕射波结构及其他信息的分析，在3.5m左右深度发现一些有40m长、含分散水的冰层带，但含水量较少。另外，根据探地雷达资料显示，咸水层以上各层次的振幅没出现异常，说明场地下不可能存在其他融水坑。后来经重车和飞行器做了大量荷载试验，场地没出现任何与冰密度有关的事故。由此可见，探地雷达可作为南极冰盖场地安全检查的工具。

（五）军事用途

瑞士科学家研制了一种可用于排除地雷的探地雷达探测系统。该系统以探地雷达和用于成像的金属探测器为基础。探测器可以区别那些与探地雷达信号相似而金属含量不同的目标（如同样大小的地雷和石头）；而探地雷达则可以将探测器给出的相似结果（如地雷和金属垃圾）区分开来。另外，据SSI公司披露，利用探地雷达散射能量平面图可以发现塑料性地雷。

（六）区域水文地质调查

雷达相图被定义为某一特定地层产生的雷达反射图像特征的总和，指的是雷达剖面资料上肉眼可见的反射波的不同组合形式。雷达资料观测中，地质体的构造和结构特征会影响雷达响应并产生特征效应，这些特征效应被称为雷达相图元素。荷兰TNO应用科学研究所在荷兰30多个适合于探地雷达调查试验的点上做了测量，用于评价探地雷达对不同水文地质目标成像和描述目标特征的可能性。探查成果揭示出荷兰不同沉积环境下雷达相图元素的特征，将具有代表性的反射图像编成简要的"雷达相图集"，该相图集对确定地下水文地质层序的位置有益。据悉，美国也利用探地雷达对多个州做了类似的调查。

第四节　核磁共振（NMR）技术找水

地面核磁共振找水技术是目前唯一可用于直接探测地下水的物探技术。利用该项技术除了可以获得什么地方有水、有多少水的资料之外，还可以获得含水层的有关信息。原苏联新西伯利亚化学动力和燃烧研究所（ICKC）在理论和实践两个方面取得核磁共振找水成功后，该项技术得到了发达国家的普遍注意。在过去的十年中，许多国家相继与ICKC合作，将该项技术用于多国不同水文地质条件下的试验，在一般情况下，都取得了较好的效果。我国引进了三台法国生产的核磁共振仪器（核磁感应系统），开始了地面核磁共振找水技术的应用和研究。就国际范围来说，目前普遍认为核磁共振是一项很有发展前景的直接寻找地下水的方法。

核磁共振测井技术是一种全新的测井方法，是对裸眼井测井解释和油气评价技术的一个重大突破，被国外石油界公认为过去几十年中测井技术最重大的进步。通过测量空隙中的氢核既可以提供精确的孔隙度，还可以对孔隙度进行分析分类，得到有效孔隙度进而估算渗透率等有用信息。同时还通过利用不同流体有不同弛豫的特性准确地对空隙中的流体进行分析识别。相比于其他任何单项测井方法，它能提供的地层地质资料更加丰富，尤其是对复杂岩性地层和特殊岩性地质条件，低电阻油气藏等，是最常用且有效的方法之一。

一、核磁共振找水原理及方法

如将磁矩为 μ 的带电粒子置于一个稳定磁场HO内，该磁矩将做绕磁场的运动。这种运动被称为拉莫尔旋进，频率被称为拉莫尔频率（每一种原子核皆具有自己的特定频率值）。如将一个交变小磁场按垂直方向加到主磁场HO上，当H1的频率与拉莫尔旋进频率一致时，磁矩将大量吸收交变磁场的能量，产生共振现象。

核磁共振找水的理论基础是包括水中H$^+$在内的许多原子核都具有非零磁矩，并且处于不同化学环境中的同类原子核（如水、苯或环乙烷中的氢原子）具有不同的共振频率。因此，在给定的频率范围内，如果存在有核磁共振信号，那就说明试样中含有该种原子核类型的物质。

核磁共振找水方法以利用核磁共振现象为基础，通过建立非均匀磁场和地球物理核磁共振层析，研究地下水的空间分布。原苏联利用核磁共振现象直接寻找地下水的方法和仪器研究成功，并把这种仪器称为示水仪（Hydroscope）。它包括发射机、接收机及发射-接收线圈。测量时，发射一个具有相关共振频率的交流电，将电流突然中断，并将同一线圈作为核磁共振信号的接收线圈。重复几十乃至几百次记录和平均核磁共振信息，以提高信噪比，然后利用专门程序对资料进行处理并将信号按水文地质参数随深度的变化加以解释。

二、国内外发展现状与找水技术的进展

我国的地球物理工作者也开展过核磁共振找水试验，但未获得成功。中国地质大学、中国地质科学院水文地质环境地质研究所（石家庄）和新疆的水利部门分别先后引进三套核磁感应系统，使我国成为生产国外拥有核磁共振仪器最多的国家。中国地质大学利用核磁感应系统先后在河南西平县找到了裂隙水；在湖北永安、孝感分别找到了优质岩溶水和裂隙水。水文地质环境地质研究所（石家庄）利用核磁感应系统在西北的找水试验中，也取得了良好的效果。以上国内应用实例说明，核磁共振是一种很有发展前途的找水新方法。但是需要看到，由于核磁感应系统仪器抗电磁信号干扰的能力低，在验收我国引进的三套仪器时，都

未能取得一次性的良好效果，该缺点将影响它在我国比较发达地区的实际应用。

燃烧研究所分别与澳大利亚、以色列、美国和法国合作试验，一般都能取得较好的资料。示水仪不仅能指出地下水的存在，而且还能描述不同的亚含水层。但是，提供的导水系数及含水层结构的资料却不甚可靠；同时发现的主要问题是示水仪的抗工业干扰水平低。根据法国与燃烧研究所的一项合作协议，在示水仪的基础上开发出一台新的核磁共振仪器（核磁感应系统），并推向国际市场。除此之外，在克服干扰方面也从天线放置形状上做了试验，发现利用"8"字形天线可降低干扰，但也存在一些不利条件需要克服。

核磁共振技术是当今世界上的尖端技术，用核磁共振的方法直接探测地下水是该技术应用的新领域，是地球物理方法中目前唯一的一种直接找水方法。

Varian，R.H.就核磁共振探测地下水的方法和装置申请了美国专利，但由于技术上的限制，所申请的专利并没有能够实现仪器样机。最早利用核磁共振技术进行地下水勘探并研制出可用于直接探测地下水仪器的国家是前苏联，前苏联科学院西伯利亚分院化学动力学和燃烧研究所以Semenov，A.G.为首的一批科学家在Varian，R.H.专利的基础上，开始利用核磁共振技术进行地下找水的全面研究工作，他们用三年时间研制成了可以探测地下水的原型仪器，并在其后十年的时间里对所研制的原型仪器进行不断改进，开发出世界上第一台在地磁场中测定出地下水核磁共振信号的仪器，称为核磁共振层析找水仪（Hydroscope）。该仪器作为新的探测地下水的重要手段，在前苏联和英国申请了专利，在此期间他们进行了仪器改进和解释方法的研究，试验研究遍及前苏联的大部分国土，北到极地附近的新地岛，南到中亚的哈萨克斯坦、吉尔吉斯斯坦、乌兹别克斯坦、土库曼斯坦、乌克兰及西部的波罗的海沿岸的立陶宛和白俄罗斯。根据在中亚等地区已知的400多个水文站上的对比试验，总结和研制出了一套核磁共振找水的正反演数学模型、计算机处理解释程序和水文地质解释方法，这一研究成果居世界领先水平。与此同时，在澳大利亚、以色列等国家（地区）先后进行的试验，也证明了核磁共振找水方法是目前世界上唯一的可以直接找水的地球物理新方法。俄罗斯科学院西伯利亚分院化学动力学和燃烧研究所与俄罗斯"中央地质"生产地质联合体共同创办水文地质层析成像公司，开展水文、工程地质和生态学方面的业务活动，在具有不同水文地质条件的地区进行了现场探测，包括葡萄牙、西班牙、沙特阿拉伯、中国辽宁和新疆等国家和地区，进一步检验和证实了该方法的找水效果。

俄罗斯的核磁共振层析找水仪在法国进行了成功演示的两年后，法国地调局的IRIS公司购买了该仪器的专利，并与原研制单位燃烧研究所合作，着手研制新型的核磁共振找水仪，即核磁感应系统。作为第二个成功研制核磁共振找水仪的国家，法国推出了商品化的核磁共振找水仪，并生产出6套核磁感应系统，成为世界上第一个将核磁共振找水仪商品化的国家。法国IRIS公司研制的核磁感应系统是在俄罗斯Hydroscope的基础上改进的，二者的工作原理一致，但核磁感应系统在重量、制造工艺和抗干扰能力等方面有了许多改进。迄今拥有核磁感应系统的国家除俄罗斯和法国外，还有中国和德国等，IRIS公司将该系统（勘探深度为100m）升级为核磁感应系统升级版（勘探深度为150m），拥有核磁感应系统升级版系统的国家有法国、中国、毛里塔尼亚和伊朗等，除俄罗斯和法国外，美国、中国和德国等也先后开展了核磁共振找水方法技术与仪器研究工作。

关于核磁共振找水技术的名称，人们习惯用核磁共振的英文缩写，即NMR，但是由于这种探测仪器是在地表（Surface）上进行的，因此在第一届核磁共振找水技术的国际研讨会议上，把核磁共振找水技术简称为S核磁共振技术。为了区别于医学等领域用的核磁共振技术，而且国外也避讳用"Nuclear"这个单词。近年来人们又通常把核磁共振找水技术简称为核磁共振（Magnetic Resonance Sounding），由Anatoly Legchenko等主编，Journal of Applied Geophysics杂志分别出专集刊登了第一届和第三届核磁共振找水技术国际研讨会上利用核磁共振技术探测地下水的方法技术、仪器研制及应用方面的部分文章；Near Surface Geophysics杂志刊登了第二届核磁共振找水技术国际研讨会上的部分论文。这三届国际会议上所发表的文章，代表着当今国际上核磁共振探测地下水的研究前沿和最新研究进展。

我国最早开展核磁共振找水技术的研究可以追溯到20世纪60年代，长春地质学院的崔秀峰和张昌达利用示波器等简陋的仪器设备在长春市净月潭进行了核磁共振找水试验。这项试验几乎与国际上开展该项技术的研究同步，但由于当时技术上的限制，实验没有探测到地下水反映出的核磁共振信号，研究工作也因此而停滞。后来，中国地质大学（武汉）引进了法国IRIS公司研制的核磁感应系统，这是我国引进的第一套核磁感应系统，中国地质科学院水文与方法技术研究所、新疆水利厅石油供水办公室也各引进一套核磁感应系统。水利部牧区水利科学研究所引进一套核磁感应系统的升级找水设备核磁感应系统升级版，之后该所又增加引进了一套核磁感应系统，上述单位利用引进的核磁共振找水仪器成功地在湖北、湖南、河北、福建、内蒙古、新疆等多个省市和地区进行了找水实践，并在上述缺水地区找到了地下水。核磁感应系统和核磁感应系统的引进，促进了我国核磁共振找水技术的发展，使我国成为法国核磁共振找水仪的终端用户，并且在应用核磁共振技术探测地下水方面与国际水平同步。

我国有很多地区的居民生活、农业灌溉和工业用水都需要使用地下水，但一直没有自主开发的核磁共振直接找水仪。吉林大学核磁共振找水仪器开发课题组联合水利部牧区水利科学研究所和北京海光仪器公司参加了国家"科学仪器研制与开发"项目"核磁共振找水仪的研制与开发"课题投标工作。虽然国家没有资助该课题，但在吉林大学的支持下，课题组自筹资金开始核磁共振找水仪原理样机的研制及野外实验研究。经过两年多的刻苦努力，课题组利用自行研制的核磁共振找水仪原理样机，在长春市新立城镇腰高家窝铺西500m处找到了10m深处地下水的核磁共振信号，测量结果与已知的水文资料基本相符。

三、核磁共振找水的特点

（一）核磁共振找水仪是输出功率和接收灵敏度均较高的仪器

俄罗斯、法国和中国研制核磁共振找水仪都是在地磁场环境下经过大电流脉冲矩激发后测量地下含水层引起的微弱核磁共振信号，仪器的输出功率高（瞬时最大输出分别达到450A、4000V）、接收灵敏度高（在强电磁噪声环境下接收纳伏级的微弱信号），比起人体磁共振成像，其人工产生的强磁场可达1~10T，而地磁场强度仅为0.0005T。

（二）具有直接找水功能

在传统的物探找水方法中，电法勘探在地下水勘查中几乎承担了80%的工作量，成为配合水文地质工作的主要手段。与间接找水的电阻率垂向电测深相比，核磁共振方法具有如下优点：首先，核磁共振找水方法的原理决定了该方法能够直接找水，特别是找淡水，在该方法的探测深度范围内，只要地层中有自由水存在，就有核磁共振信号响应，反之则没有响应；其次，核磁共振方法受地质因素影响小，这些优点可用来区分间接找水的电阻率法和电磁测深法卡尼亚视电阻率的异常性质。当溶洞、裂隙被泥质充填或含水时，视电阻率均显示为低阻异常，是泥是水难以区分，核磁共振测深不受泥质充填物干扰，很容易将二者区分开来。此外，在淡水电阻率与其赋存空间介质的电阻率无明显差异的情况下，用电阻率方法找水就显得无能为力，而用核磁共振测深却能够直接探测出淡水的存在。核磁共振方法采用测深方式，通过改变激发脉冲矩q的大小，就可以实现不同深度的测量q=I_0t，式中I_0为脉冲电流的幅值，t为脉冲电流的持续时间。

该方法能直接找水，主要是因为这些参数的变化能直接反映地下含水层的赋存状态和特征。测量的参数分述如下：

（1）核磁共振信号初始振幅E_0。E_0值的大小与含水层的含水量成正比，随q值变化形成测深曲线，通常用E～q曲线表示。对该曲线（原始资料）进行解释后就可得到该测深点探测范围内的水文地质参数，包括含水层的深度，厚度和单位体积的含水量。

（2）核磁共振信号平均衰减时间。核磁共振信号平均衰减时间用T表示，单位为毫秒（ms），每个激发脉冲矩q均可以得到一条E_0随时间按指数规律衰减的E_0～t曲线。

（3）核磁共振信号纵向弛豫时间T_1。它是在同一个记录点用脉冲序列测定的，能给出含水层孔隙度的信息，它不受磁场不均匀性的影响。

（4）核磁共振信号初始相位ϕ_0。初始相位是天线中激发的电流与测量到的衰减电压之间的相位差，核磁共振信号的初始相位反映地下岩石的导电性。

（三）反演解释具有量化且信息量丰富的特点

核磁共振方法可将核磁共振信号解释为某些水文地质参数和含水层的几何参数，在该方法的探测深度范围内，可以给出定量解释结果，确定出含水层的深度、厚度、单位体积含水量，并可提供含水层平均孔隙度等信息。

（四）经济、快速

完成一个核磁共振测深点的费用仅为一个水文地质勘探钻孔费用的十分之一，并可以快速地提供出打井位置及划定找水远景区。

四、核磁共振找水技术研究的新进展与发展趋势

商品化的核磁共振找水仪核磁感应系统PI是单通道的仪器，在解决层状地下

水探测方面已经取得了显著的成效并得到了广泛的应用。但是对于非层状地下水如断层水或岩溶水（二维/三维），单通道仪器将遇到困难。利用核磁感应系统升级版进行地下水勘探的另一个困难是抗干扰问题，该仪器只能工作在噪声低（没有电力线等强干扰源）的地区。与国外相比，我国人口密度大，电网分布广，电力线干扰严重，核磁感应系统升级版在很多居民居住地附近都无法工作。目前基于一维的数据处理和反演都还假定水平层这样相对简单条件，为了扩大核磁共振的应用领域，需要研究复杂条件下的数据处理与反演问题。此外，核磁感应系统系列找水仪的最大探测深度只有150m，这是目前核磁共振找水仪的探究深度的瓶颈问题。为了克服核磁感应系统升级版上述不足，David Walsh等人在美国国家自然基金等的资助下，近年来开展了多通道核磁共振找水仪研究，其原型样机分别在美国地质调查局选定的测点上进行测试并取得了较理想的效果。Journal of Applied Geophysics杂志刊登了核磁共振找水技术研究专集，Geophysics等杂志也刊登了有关核磁共振找水技术研究的最新成果。核磁共振找水技术研究取得了新进展与发展趋势。

五、核磁共振找水技术研究面临的问题

探测深度有限。核磁共振探测地下水所检测的信号极其微弱，在地下150m的深度范围内即使含水量达到50%，在地面上能够检测的信号只有几nV，利用现代检测技术很难突破这个极限，导致商品化的核磁共振找水仪目前尚不能用来探测埋藏深度大于150m的地下水。

抗干扰能力弱。由于核磁共振找水仪的接收灵敏度高（可以接收nV级的微弱信号），因此它也极易受到电磁噪声的干扰，在人文活动的电磁噪声干扰强的区域很难开展工作，而缺水的人文活动区又是最需要寻找地下水的地区，通常采用几百次叠加的方法虽然可以提高信噪比，但旁侧干扰和瞬态干扰可能会对记录点产生较大的影响。

施工效率低。相对于钻井而言，核磁共振方法具有非破坏性、成本低、高效率的特点，但与其他地球物理方法相比，核磁共振方法每个测点的测量时间则需要两个小时以上；如果电磁噪声干扰较强，需要较高的叠加次数，则每个测点所需要的时间还要长，导致很难决定用核磁共振方法进行大面积性的地下水调查，影响这种方法的推广应用。

体积笨重。尽管在仪器设计中采用了模块化等有效的措施，但是目前的仪器包括测量电缆在内仍超过100kg，野外工作需要专门的车载设备。

反演的正确性、稳定性和时空分辨率方面有待于进一步提高。

现有的反演方法在很大程度上依赖于地电断面参数的输入和相位信息的提供，但是目前仪器的相位噪声很大，反演方法无论是采用线性、非线性还是蒙托卡罗等方法，都很难给出精确稳定的反演信息。由于目前的核磁共振主要是工作在地面水平静态同一回线测深的模式，导致此项技术仅能提供垂直方向上的含水量等水文地质信息，而与核磁共振技术在实验室或医学中的应用相比，核磁共振在时空分辨率和数据分析方法上都存在较大差距，对假设有过多的依赖性。

六、展望

核磁共振找水的成功应用使物探技术从间接找水过渡到直接找水，是一项革命性发展。但目前核磁共振技术尚处于发展的初级阶段，在仪器和应用技术方面都还存在一些需要改进的问题，比如提高仪器抗电磁信号干扰能力、加大勘查深度、减轻仪器重量、降低仪器成本以及核磁共振信息的反演等问题。

第五节　重力和磁法

一、重力法

重力测量是一种古老的方法，一般用于石油、固体矿藏勘查。随着微伽重力仪的开发成功，使仪器的观测精度从$n \times 10^{-6} m/s^3$提高到$n \times 10^{-8} m/s^3$；与此同时，还开展了有关的观测技术和数据改正方法的研究，这给将微重力测量推广到水工环地质方面的应用创造了条件。目前重力测量已被应用到以下几个方面。

（一）探测地下水

加拿大渥太华一所大学的供水项目中，需要确定准确的井位。据原有资料，校园内的地下水主要受基岩断裂控制，因此选择利用微重力探测与断裂有关的基岩谷地。在校园内布置了九条测线测量。其中一条测线的资料上，明显地出现两条宽约20～30m与基岩谷地有关的低异常，异常值达0.05毫伽；在另一条测线上发现了达0.15毫伽的异常。解释成果指出了谷地离地面的深度为10～20m，并推出了几条断层的位置。在相应位置钻了四口水井，其中三口水井的出水率达60L/s；第四口井也打在谷地内，但出水率只有45L/s。四口井的出水量远大于过去两口打在基岩高突位置的出水量。经抽水试验，前三口井打在断裂带上，第四口井打在谷肩位置。

（二）工程地质方面的应用

比利时规划的铁路线中的一段需通过含有落水洞以及采矿洞穴的隐伏地质灾害区。为此，利用重力剖面法在灾害可能最严重的9km地段做了测量。测量中使用了一台测量精度可达$5 \times 10^{-8} m/s^3$的拉考斯特–隆贝格重力仪。在测量成果资料布格异常图上，清楚地显示出了几种大小不同的异常，有的超过数百米，有的则只有几十米。将观测到的重力异常资料经相关频率滤波处理后，得出了与落水洞和采矿洞穴有关的重力图，为进一步的工程规划提供了有益资料。

（三）重力梯度测量

常规重力测量观测重力位的铅垂一次导数，即$\triangle g$或U_z。而重力梯度测量则可以得到U_x、U_y、U_z在x、y、z方向上的变化率；如U_z即是U_z在z方向上的变化率，被称为重力垂直梯度。重力梯度测量的最大优点是重力梯度异常能够反映场源体的细节，即具有比重力本身高的分辨率。60多年前，重力梯度测量曾得到较多的应用，后来被其他物探方法代替。20世纪70年代以后，随着美国海军新型重力梯度仪及三维重力梯度测量技术的公开，重力垂直梯度测量目前已显示出了复兴的势头。重力垂直梯度测量利用特制的塔来实现，一般塔高为10～18.76m。在每个测点上，以一定间隔读取测量值，然后用最小二乘法得到梯度值。目前主要利用该方法探测浅部地质或人工微小构造，小断裂；确定坑道间岩石的密度值，小地质体的位置等。

二、磁法勘查

随着光泵磁力仪等一批高精度仪器的问世，磁法在浅层勘查中得到了较多的应用。目前，主要的应用领域包括以下几个方面。

（一）废物场地选址

调查待选废物处理场地的传统方法是利用地质填图或抽水试验。但是这种方法只能取得场地内有限位置的资料，有可能会影响漏掉的污水在地下传播的断层和裂隙。如在北爱尔兰一个准备用作废物处置场地（废采石场）的调查中，分别用了传统填图，抽水试验和磁剖面技术对场地进行了调查。地质填图用了6h，由于露头不足只发现一条断裂处。抽水试验虽发现了全部的两条断层，但需打孔和抽水设备，并且花了7d时间，而磁剖面测量仅1人在70min内即完成了资料的采集，场地内的两条断层在记录上都有明显的反映。该方法对场地无破坏，适合下阶段在场地临近区域推广使用，以便最终确定该场地是否适合用作废物处置场地。

（二）水文地质方面的应用

在地下水的流动中，有些地质构造可能改变水流的方向。查清它们的位置对处置场地的选址非常重要。爱尔兰的Fermanagh地区的主要地层是泥盆纪的砂岩，是当地的中级含水层。但是该区发育着一些长为50km、宽为10m的火成岩脉，这类岩脉的不透水性可能成为地下水流的垂直隔水墙，在设计地下水流模型的时候应该将它们的影响考虑在内。由于这类岩脉并非完全暴露在外，所以利用磁剖面技术对该地区进行了测量。在磁剖面记录上，这类岩脉造成了明显的负磁异常。由磁法提供的岩脉位置为地下水流的预测模型提供了有用资料。

（三）选择建筑材料

爱尔兰东北部的玄武岩出现在3000km²的范围内。由于它坚实、耐磨常被用作筑路材料。但环境部门禁止将沸石化玄武岩用作筑路。在开挖石材之前对岩石做了磁法测量。在磁剖面记录上高质量玄武岩的磁背景值仅在100~200nT内变化；而沸石化玄武岩地段则频繁地出现大幅度磁测背景值变化（2000nT以上）。磁剖面成果为规划筑路材料的开采提供了有用的资料。

第六节　地球物理计算机层析成像（CT）技术

地球物理计算机层析成像技术的发展主要受医学计算机层析成像技术的影响。20世纪80年代计算机层析成像技术已在地球物理学研究中得到了实际的应用。我国的地学计算机层析成像技术起步稍晚一些，但目前已接近先进国家的水平。在地学计算机层析成像技术中，一般通过在钻孔-钻孔、地面-钻孔和井下坑道间发射和接收地震波、声波或电磁波，并将在相应位置上接收到的有关地球物理场的信号经计算机层析成像技术处理后得到最终勘测区的图像。与医学计算机层析成像技术比较，地球物理计算机层析成像技术的目标和参数比较复杂，是一项计算高度密集性的技术。层析成像处理中必须考虑到射线的弯曲，并且还须考虑到发射器和接收器位置难于随意设置的限制。在地学应用的初期，主要用代数重建技术和同步迭代重建技术的计算方法。近年来，由于专门用于地球物理计算机层析成像技术的资料采集仪器和计算技术的发展，计算机层析成像技术在水工环地质方面的应用范围已得到了扩展，在矿区采矿工作面超前探测、岩溶、断裂带等的调查中发挥了有益的作用。以下简单介绍几种目前应用的计算机层析成像技术方法。

一、井间地震走时层析成像

根据惠更斯原理和网络理论的最小走时射线追踪为基础的走时层析成像的正演理论及算法，能模拟任意复杂介质射线，保证阴影区也有射线通过。该方法计算速度快，收敛稳定，分辨率高，是目前用于射线追踪的最先进算法。可以利用两种方法来实现惠更斯原理的射线追踪，一是基于网络理论的最短途径算法，另一种是基于动力学的波阵面算法。这两种算法都能模拟直达波、折射波、反射波、散射波和绕射波，而且一次计算即可得到一个共激发点记录的全部走时，计算效果很好。其中以网络理论为基础的寻求最短路径的方法是目前追踪不均匀介质中真实射线的较好方法，适用于层析成像问题中的大量高精度射线的追踪计算。朱介寿等提供的广东某地高层建筑场地的地震走时层析成像资料中，查明了场地的基岩起伏及埋深、10m内溶洞的分布及埋深。

二、利用折射和绕射波作浅层地质层析成像

计算机层析成像技术处理专家一致强调精确估计初始模型的重要性。为此，Belfer等将相关反演（初步估算）和层析重建（最后估算）结合起来，试图用于提高初始模型的精度。但后来发现这些计算过于依赖覆盖模型，并且对延伸问题不利。为此他们利用了以相关反演层析成像和异质同形成像的综合方法。该方法可同时利用折射波和绕射波反演。反演中利用折射波走时可以建立低频速度-深度模型。通过对共炮点记录进行线性时间校正，可以得出折射叠加剖面，从该剖面中可取得视截距时间作为初始数据。根据相关反演所得的模型，利用同步迭代重建技术进行折射层析；利用绕射时距曲线，用异质同形成像以获得关于浅层的连续信息。该新曲线的参数是入射角以及与绕射波有关的波前曲率半径。利用该综合方法，可以提高识别浅层局部目标的可靠性。为验证该方法的实用性，在赫鲁莎伦附近选择一个巷道作为实验探测目标。利用记录资料绘制了初步的速度-深度模型，并将该模型的数据资料用于相关反演。经层析重建处理，得到了包括巷道位置在内的低速异常的影像。在取得的异质同形影像中，可以看到与绕射波有关的尖峰，探测到分布在巷道边缘的波也和隧道位置相一致。

三、矿山工作面电磁波高精度计算机层析成像技术及其应用

计算机层析成像技术中，图像重建十分重要，它的数学计算主要包括变换法和代数迭代法。目前地学界以代数迭代法为主作图像重建。代数重建法是依据射线原理，首先对成像条件提出一个初始模型，然后把模型网格化，计算出投影函数的观测值与理论值的残差量。然后将每条射线的残差量以它穿过每一网格的路径长度为权分摊到网格中去。经反复修改模型和反复迭代，直到满足方程收敛条件为止。工作面电磁波透视法采用偶极子天线发射，若在多个发射点上对场强分别作多重观测，便可形成相应的矩阵方程。然后利用同步迭代重建技术算法计算该矩阵方程，就可以反演各像元的吸收系数值，从而实现工作面成像区内吸收系数反演成像。利用反演计算的成果，可以绘制成像区的吸收系数等直线图和色谱图。该成像技术在国内某矿一条长650m工作面上，做了计算机层析成像技术探

测，发现异常14个，解译断层12条。工作面电磁波衰减系数计算机层析成像技术色谱图上显示出中间区段内断层的切割关系以及最大落差位置，修正了原来的推断。该探测的主要成果已被回采工作证实。

第七节　水工环物探技术的发展前景

联合国环境与发展大会以来，可持续发展的战略深入人心，水工环物探技术将更多地被用于人类与地球和睦相处有关的研究，其中包括：区域性的生态环境调查；环境污染监测和防治等。

环境物探的目标将从有形目标扩大到无形目标，这些目标包括室内氡、振荡波、地电和局部地磁扰动以及人体自身对室内环境的污染。

调查和监测天然的和人为造成的地质灾害（包括滑坡、泥石流、岩崩等），为治理提供必要的资料，并监测补救措施的有效性。

随着三维高分辨率地震、探地雷达及计算机层析成像技术的提高和广泛应用，使探测复杂地质目标成为可能；如果在时间域内引入三维技术（石油上称为四维技术），就可以实现对滑坡、地下水污染等的时空域内的监测。若将监测资料制成电影，就可见到滑坡、污染物羽状流的发展过程，这无疑将在很大程度上改进灾害地质和污染的防治工作。

与周围地质环境比较，探测目标一般都存在多种物理特性异常，这给利用综合物探调查提供了条件。随着环境、工程目标探测对精度要求的提高，只有利用多参数描述目标才能满足要求。根据目标特点研究综合物探调查的组合模式将成为新的研究课题。

成本-效益核算的结果将对水工环物探技术的应用起决定性的影响。比如在技术上来说，将时空域内的监测资料制成电影是可行的；但是，由于三维地震、探地雷达以及计算机层析成像技术需要的钻井费用昂贵，在实际探测中又是不可行的。因此，如何进一步在提高技术的同时又注意降低成本将是今后需要继续研究的课题。

第三章 岩矿测试基本知识概述

第一节　当前岩矿测试技术的现状与趋势

一、岩矿测试技术概述

岩矿测试工作是进行地质科学研究和地质调查的一项重要技术，其测试数据通常用来评估地质资源、环境及地质科学研究工作，是一项基础性的技术工作。随着我国资源开采的深度开发，岩矿测试技术对于研究我国现代地球科学的作用越来越突出，岩矿测试技术的发展和创新成为当前迫切的任务之一。

（一）进行岩矿测试的基本任务

作为地球科学应用的一个分支，岩矿测试主要承担着分析矿物及岩石等物质的化学元素分布情况，进而确定矿物及岩石的化学组，最终确定各种矿物质中不同物质成分的含量组成，了解矿物及岩石的详细化学元素分布及占有率。

（二）进行岩矿测试的重要意义

岩矿测试可以得到岩石及矿物等的关键数据，这些数据对于地球科学研究有着重要的意义，地球科学研究的重要组成就包含了岩矿测试。因此，测试所得的数据是地球科学研究众多研究课题的分析对象，对于多项研究有着非常关键的基础性作用。而且，每个国家的矿产资源在进行储量估算时，也要用到岩石测试所得出的数据结果，这在国家制定矿产资源的开采及冶炼等重要政策时有重要的导向作用。因此，岩矿测试是一项关系国家地球科学研究发展的重要工作。

（三）岩矿测试工作的特点

岩矿测试实际是对岩石、矿物等进行分析，由于岩矿分析的对象种类繁多，样品量大，加之含量各有不同，岩石的结构也复杂多样，进行测试的数据众多，所以，进行岩矿测试选择矿石等必须具有代表性，根据样品复杂和多样性的特点，必须选择工艺水平高的测试手段进行分析。

二、岩矿测试技术的现状

岩矿测试技术的发展迅速，得益于当前飞速发展的科技水平。宏观研究、微观研究、古代研究是现代岩矿测试技术发展的三个主要研究方向。我们对这三个发展趋势进行一一介绍。

（一）宏观方面

地球科学研究逐步发展，不仅从地球自身开展研究，越来越多的研究从天文角度进行研究。将地球置身于整个宇宙，同其他天体进行同时研究，眼界大大扩展，许多以前未解决的问题得到了合理解释；而且，通过对地球整体的研究发现，我们的地球其实并非像以前想象的那样，有了更加深刻的认识；地球作为人类的家园，对其环境的认识越来越重视，保护地球环境也成了当前地球科学发展的重要课题和首要任务。

（二）微观方面

我们的地球科学家不仅要研究宏观的地球、环境和宇宙，还要将其研究方向延伸至微小的微观世界。对矿物的微小组成、元素含量、内部原子分布进行研究，也是地球科学、岩石测试研究的一个重要方向。当前的现代地学已经把微观研究精细到了微米、亚微米乃至纳米级别，这对于当今的微观领域研究和分析也有很大的促进作用。

（三）古代研究方面

除了宏观和微观研究，岩矿测试技术对于古代的考古学研究也有重要的研究价值。古代的环境、气候、生态学都是在岩矿测试技术研究的基础上得出相关研究成果的。古代研究主要是针对叠层石、珊瑚、贝壳等，这些都要依赖岩矿测试的研究，其中岩矿测试对于岩石的研究是重中之重。

三、岩矿测试的步骤及技术分析

（一）加工岩矿样品

在实验室先对岩矿样品的重量进行分析鉴定，这是进行岩矿加工的首要工作。岩矿由于种类不同，其重量从几十公斤到几公斤不等，质量也不一样，用于岩矿测试实际上只需要几克就可以实现。我们在整个岩矿鉴定的过程中，首要的工作就是选择和加工岩石样品。进行岩石样品加工要达到两个目的，其一是将岩石样品进行加工至一定的细度，这对于测试分析是必要的工作，也是极其有利于测试的；其二，将待测的岩石样品进行平均分配，这对于有效获取一定质量的样品有重要作用。

（二）定性分析和半定量分析

进行定性分析和半定量分析是完成岩矿样品加工后的一步工作，测出样品的元素含量、组成和占比是这一步骤的主要工作目的。一旦得出测试的初步结果，就要根据测试工作的条件和准确度要求，对岩石样品中的元素进行相应的测定和排除干扰工作。

（三）确定测定手段

根据定性和半定量分析确定了元素的基本数据后，进行相应测定的方法确定时，一定要选择最佳合理的。我们在分析方法中选择共存元素的分布情况，也可以选择待测定元素的含量情况，这都是可以实现测定方法选择的。

（四）选定并鉴定分析方案的合理性

选定鉴定分析方案是一项重要的步骤，要根据实际情况来确定，进行分析。这个环节是一项复杂和关键的工作，这是由于元素的分离和测定都有不同的方法，如何将两者相互配合好，互相影响好是非常重要的。所以，确定好鉴定分析方案后，要同时将干扰元素的消除办法、分解方法等方面提前考虑，这对于选定鉴定方案具有重要的作用。

（五）分析和鉴定

通过已选择好的鉴定方案，严格执行相关的操作规程，认真对待，严格把关，避免出现任何操作错误，而导致分析和鉴定结果的准确性得不到保证。

（六）审查和分析结果

经过分析和鉴定的结果出来后，需要马上进行审查工作，确保数据和参数的正确性，审查过程不仅是分析的最后一步，也是岩矿测试工作的最主要步骤。这个关键环节可以确保一些不易发现的问题被及时发现，可以有效地提高鉴定结果的正确性和准确性。

四、岩矿测试技术发展的大趋势

岩矿测试技术研究方向已经延伸到了宏观、微观、古代研究三个方面。当前对于一些岩矿的晶系、内部结构、晶胞参数等数据均可以精确测定，也可以精密地测量出矿物的元素价态、组成及外表形态，从而扫描出其形态，目前先进的三维图形技术也推动了地球科学的发展。当前的发展趋势是尽可能地在不进行样品破坏的基础上，进行尽可能多的定量分析；宇宙天体的遥测分析、采样分析、深层地下的不采样遥控分析研究；分析方法要进一步提高准确度和灵敏度及速度等；现场和原位分析要尽可能做到；发展自动化分析和开采的新型科学技术。

当前，科技发展迅速，岩矿测试技术的发展也得到了前所未有的机遇，其发展应把握现代社会发展的需要，紧紧围绕环境可持续这个主题，不断创新，迎接挑战，进一步推进其发展水平的提高。

第二节　建立地质工作与岩矿测试有效机制的探析

一、现阶段地质工作的新特征

"坚持以人为本"，是党的十六届三中全会《决定》中提出的一个新要求。人类生活的世界是由自然、人、社会三个部分构成的，以人为本的新发展观，从根本上说就是要寻求人与自然、人与社会、人与人之间关系的总体性和谐发展。不管是过去还是现在或者是将来，任何工作在发展和实施过程中都离不开人这一重要因素，地质勘查工作亦是如此。现阶段国家对环境保护、生态建设越来越重视，地质勘查工作中出现了各种各样全新的问题。为了更好地保护环境，推进生态文明建设，共创美丽中国，应积极遵循以人为本的原则，一切为了人，一切依靠人，科学地开展地质工作，从实验室的角度看现阶段地质工作的新特征。总结如表3-1所示。

表3-1　从实验室角度看地质工作的新特征

序号	新特征	表现	对实验室的要求
1	广	全国各地、世界各地	普遍实用性
2	急	急于知道含量	快速分析
3	现	样品不带回实验室	现场分析
4	省	尽量节省测试费用	降低成本
5	全	跨行业、多矿种、全元素	全面分析与管理

（一）"广"

地质工作就是寻找矿产资源及防治地质灾害。矿产资源短缺、能源匮乏、环境污染、生态破坏和自然灾害是人类生存与发展正在面临的现实问题。所以哪里有资源、哪里有灾害，哪里就需要地质工作。资源安全、生态安全和环境安全成为世界各国发展的共同目标。所以样品来自全国各省地区，甚至国外项目。

（二）"急"

当前社会发展快、生活节奏快、工作压力大，很多人都急于求成——急于找到矿，急于出结果。特别是社会商业项目，不管是决策者、投资人，还是找矿人、测试员都急于想要知道结果。

（三）"现"

指的是现场分析。一方面是样品带不回实验室，由于样品太大、太软、易风化、易变形不好采样，或者对温度、压力、湿度等外部条件较为敏感，即便是带回实验室也可能发生不可逆转的变化，如盐湖中的某些矿物、地下煤层中的某些表生矿物；有的样品看得见、够不着，如采矿坑道顶板上的样品；有的样品矿山不允许采样，如金刚石、宝玉石等；另一方面现场分析是为了跟生产同步，节省成本，如离子吸附型稀土总量的测定。

（四）"省"

指的是节省成本。现阶段的单位都讲绩效，都希望低投入、高产出，包括测试费用的投入，所以都会比较测试单位，不仅要满足技术指标，还要省时、省力、省钱，有效节省成本；特别是省、部级公益项目还要招投标。

（五）"全"

指的是全面分析与管理。一方面是找矿全面化，以往的矿产资源勘查是分行业的，现阶段地质找矿工作，则不分行业而是以矿权为导向，只要能申请到探矿权就可以找矿。另一方面是元素全分析、综合评价，地质种类比较多，多矿种、多元素，要求实验室能全面分析、综合评价，避免出现遗漏。

二、现阶段岩矿测试工作的新特征

岩矿测试是地质工作中必不可少的工作内容之一，是地质工作最基础、最重要的核心工作，是地质工作中最根本的支撑点。地质工作伴随着人类社会发展的全过程始终存在，岩矿测试工作时刻伴随着地质工作。伴随着地质事业的快速发展，岩矿测试工作本身的性质也发生了转变，具体表现为如下"四化"。

（一）技术化

现阶段，不管是对试验样品的测试技术与分析方法，还是仪器设备的选择或是测试项目的分析，都从地质驱动转变为技术、设备驱动。一般来说，地质样品在进行分析测试时先要进行基础地质及肉眼鉴定后，确定主要矿物成分后再进行送样，实验室经过化学分析、技术鉴定后出结果。不同类型的样品分别形成了不同的化学分析技术流程和规范。手持式矿石分析仪可以准确地分析从镁矿（Mg）到铀矿（U）间的金属、非金属、贵重金属和稀有金属矿等80余种自然矿石，能分析矿体、矿块、矿渣、矿粉、粗矿、精矿、尾矿、土壤、泥土、泥浆、灰尘、粉尘、过滤物、薄膜、废水、废油、液体等多种样品，具有高效、便携、准确等特点，不受现场条件的限制，尤其适合野外勘查快速分析，多元素现场快速分析，可广泛应用于普查、详查的各个过程，追踪矿化异常，扩展勘查范围。可大大减少送回实验室样品的数量，从而节约运输和分析费用，已在国内外地质矿产资源行业得到广泛应用。还有γ谱仪、试管滴定、野外X射线荧光分析装置等简易设备的出现与使用，大大地提高了野外地质工作效率。自电感耦合等离子体质谱（ICP—MS）技术推广之后，一次性可以得到几十个元素尤其是微量元素、稀土元素的含量，而Cu、Pb、Zn等矿化元素往往本身就在微量元素之列，表现出大型仪器分析代替常规化学分析的趋势，甚至于放大镜在野外只起到了一个照相比例尺的作用。实际上，对于微克级（μg）的元素含量，ICP—MS的确发挥了至关重要的作用，但ICP—MS数据并不能告知元素是以哪种矿物形式存在的，而采矿尤其是选矿最关注的还是赋存状态。元素含量不能代替矿石的地质特征。因此，有针对性地研究不同类型矿石的分析测试技术还是非常必要的，毕竟矿石不同于岩石，元素不等于矿物。

（二）市场化

在建设和发展国民经济的进程中始终离不开地质工作，计划经济年代开展地质工作时多是依据计划经济的相关规定进行的。在开展和实施岩矿测试工作时应该更多地考虑其专业性和一致性等方面的问题，全面充实地为地质勘查工作打下基础。现阶段是社会主义市场经济，地质勘查工作的任务主要有两方面，一是国家计划公益项目，二是社会市场商业项目。前者按照一定的机制开展，而市场商业项目，实验室无法预料接收的样品属于什么性质，是批量的还是个别的，是具有普遍意义的还是偶然性的。多数以签订合同的内容进行，实验室在进行测试时受到一定的限制，不能全面发挥其自身的特征。岩矿测试是带有强烈专业背景的、具有扎实地质基础的测试工作，不是一般性的"化验"，其功能远远不只是"服务性"作用。如果只考虑到合同要求，给出一个数据即可，那么，岩矿测试真的会成为"化验"而已。显然，岩矿测试不能只满足于提供数据。因此，市场经济条件下的岩矿测试还需要考虑其特殊性，在特殊性与一般性之间找到发展的突破口。

（三）全面化

现阶段，岩矿测试已从单纯资源分析向资源环境分析并重发展。测试技术从传统的无机分析向有机分析、形态分析拓展，从宏观的整体分析向微观的微区原位分析拓展，从单纯元素分析向同位素分析拓展，从单元素化学分析向以大型分析仪器为主的多元素同时分析拓展，从实验室分析向野外现场分析拓展。岩矿测试是传统叫法，含义已经扩大。随着地学领域研究的深入与扩展，岩矿分析的对象已经不仅仅是传统的无机固态岩石及矿物，气、液、流体包裹体、软物质、冰芯、生物体、化石等都成了岩矿分析测试的内容。地质工作的每一个领域，包括基础地质工作、矿产地质工作、水工环地质工作，都需要岩矿测试技术的支持。社会各个行业，如环保、有色、冶金、石油、建材、核工业、煤炭、农业、食品、国防，甚至公安部门都对岩矿测试技术提出了需求。岩矿测试的服务领域不断扩大，工作内容迅速扩展，科技含量快速提升，其50年内的变化有目共睹。岩矿测试已经是一门重要的大学科、大领域，已经形成了独立的科学理论和技术方法。岩矿测试领域的重要创新与突破都会推进地质工作和地质科学的发展，并为国家经济社会发展做出更大的贡献。包括地质工作在内的国家经济社会的发展又给岩矿测试领域的发展提供了大好机遇。

（四）信息化

随着计算机技术、网络技术和信息技术地飞速发展，地质勘查工作也进行了信息化建设，以实现地质勘查效率的新突破。某些行业和系统已经逐步运用了先进的云计算、网络技术、物联网技术等信息技术，而且也已经有了长远的发展规划。可以说，信息化的技术手段使得相关行业得到了飞速地发展。虽然地质勘查行业的信息化建设步伐比较慢，但地勘单位正在不断地加大人力、财力、物力的投入，力保地质勘查信息化健康快速进行，为国家找矿突破战略的顺利实施提供管理支撑。中国地质调查局的地质调查信息化建设也取得了诸多成果。全国地质资料馆已完成90%以上的馆藏资料数字化工作；建设了覆盖11大类、160多个国家级基础性地质数据库；建设了数字资料馆核心信息系统；地质调查工作是获取地质大数据的主要途径，岩矿测试的分析结果则是地质调查的基础。随着地质调查信息化水平的提高，地质大数据时代到来的步伐不断加快。如今，地质工作正在全流程信息化。

三、地质工作与岩矿测试的有效机制

进一步加强地质工作与岩矿测试工作的紧密结合，相互主动了解需求，主动配合研发，建立有效机制，促进共同发展。

（一）提高重视度，合理规划顶层设计

想要两项工作能够合理地结合，首先要从初期的项目设计阶段就要提高重视度。不管是什么样的项目，只要是和岩矿测试工作有关联的，务必要聘请专业性极好的人员参与到设计的规划和审查工作中。而地质人员的需求正是实验人员工作的目标。实验室人员应通过地质人员提出的问题选择合适的测试设备和技术。

（二）加强地质人员测试技术与知识的培训

应不断强化和提升对地质人员学习岩矿测试技术和相关知识的培训力度，让地质工作人员在掌握自身工作技术和知识的同时，充分了解有关岩矿测试的相关技术和知识，并结合实际的工作和项目进行工作模拟练习，选择合适的实验室和测试技术，同时还要重视精度的相关要求。尺有所短，寸有所长。电子天平称不了一头大象的重量，地磅也称不了一只蚊子的重量。这并不是说地磅就该淘汰，也不是说只有电子天平才是"现代化"的。21世纪以来毕业的野外一线的地质人员，一般都知道同位素，知道ICP—MS，知道包裹体测温压，甚至发表了这方面的文章，但面对一块孔雀石含量达到50%的标本，面对一块价值千万元的鸡

血石印章，面对一个可能有着特殊应用价值的硅藻土、膨润土矿床，如何确定合理、合适的分析测试项目，进而客观、准确地评价其经济价值，则不一定那么自信了，因而需要及时学习岩矿测试方面的知识。要大力培育岩矿测试人才，培育建设稳定的科技团队，造就一批创新型人才、复合型人才和科技领军人才，为提高地质分析测试工作水平提供有力的人才保证。加强岩矿测试基础性研究，加强标准物质建立的基础建设，建设科技实验平台。除了保证常规的应用领域需求之外，同时要提高岩矿测试领域科学理论研究，创新性地研制新的测试技术方法，不断开拓新的服务领域。及时总结新的测试理论与技术方法，加强交流和推广，加强网络建设，促进相互学习、共同提高，提升行业水平。

（三）测试技术兼顾地质需要

实验室也需要主动了解地质工作的现状，了解不同类型矿床的元素组合特点，了解送样人的目的，乃至于了解送样人员所在工作区的地质情况。就我国现阶段的地质工作体制而言，20世纪50年代以来逐渐形成的国家层次、大片区层次、省级层次和地质队层次的地质专业实验室，体系完整，专业齐全，各有特色，完全可以与不同地域、不同层次的地质项目对接，满足地质勘查工作的现实需要。了解矿床元素组合的一般规律在现阶段具有非常重要的现实意义。例如，铅锌矿中一般伴生银，送样单上可能只注明测试Pb、Zn、Ag而并不要求分析"Cd、In、Ge、Te"等伴生的分散元素，实验人员应该主动提醒送样人增加这样元素的组合分析。或者把利用ICP—MS技术所获得的全部分析测试结果告知对方，主动帮助地质人员勘查，从而真正发挥岩矿测试在勘查方面的优势——给地质人员增加一双"火眼金睛"。

（四）建立数据库，实现资源共享

利用信息化勘查系统平台，可方便地进行地质勘查信息的获取、处理、再利用，促进勘查知识的交流与分享，加快行业的发展，也有利于地质勘查行业的创新，推动地质勘查信息化发展的历史进程。"大数据时代"的到来，是信息时代数字化、网络化和智能化发展的必然趋势，是全球信息化发展到高级阶段的产物，必然开启一次巨大的时代转型，即思维变革、商业变革和管理变革。其核心价值在于"预测"，本质是用"大数据思维"去发掘"大数据"的潜在价值，将为人类社会的生活创造前所未有的可量化维度。岩矿测试不仅要为地质勘查提供大量的基础数据，还要与时俱进地把分析测试内容电算化、信息化。测试部门应该与地勘单位多联系，建立数据库，实现资源共享，了解样品所在区域的地质状况，便于指导测试分析。

综上所述，现阶段，面对地质工作出现的"广、急、现、省、全"新特征及岩矿测试的"四化"趋势，需要采用合理的措施和有力的方法将地质勘查工作与岩矿测试工作有机结合起来，建立有效机制，解决目前出现的两极分化现象：一方面实验室在不断地升级改造、设备更新，技术多元化、全面化；另一方面，巨大的地勘经费投入、海量样品的亟待处理、测试结果的综合分析。同时，地质人员要充分了解现代测试技术的特点，有针对性地选择实验室，选择分析测试的项目甚至选择仪器设备，才能获得可信、可用的数据；实验室也需要从当前地质勘查的现实出发，充分利用现有的现代化仪器设备，主动为地质勘查工作提供支撑，而不是被动地"收样品、出数据"。

第三节　岩矿样品测试的工作流程与质量控制措施

作为地质作业的基础工作岩矿样品测试在其发展过程中占有重要地位。对岩矿样品测试的工作流程及质量进行严格控制，才能为地质开采提供强有力的技术支撑。当岩矿样品测试中存在问题时，必须根据岩矿的实际情况进行分析，同时还要对地质找矿、矿床评价、地学研究的要求进行充分考虑，才能提高岩矿样品测试工作的质量，才能为我国地质开采工作创造有利条件。

一、岩矿样品测试的工作流程

（一）加工岩石式样

在对采集的岩石样本进行破碎的前提下，将不适用岩矿样品测试的岩石式样通过过筛、搅匀、缩分等步骤去除，再通过相同的步骤对留下的中等碎料进行筛选。等留下的碎料呈现出小而细的状态时，再经过过筛、搅匀等过程进一步选出测试样品。在选样过程中，如技术不达标，工作流程不正确，都会严重影响找矿、勘探的准确性和真实性。因此必须提高工作人员的技术水平，增强对岩石式样加工重要性的认识，确保岩矿样品加工作业的正确性，为岩矿样品测试工作的开展提供可靠依据。

（二）分析岩石定性及半定量

对岩石式样进行加工的基础上，我们可以得出岩矿样品测试所需的分析正样并对其进行科学有效的定性及半定量的分析。定性分析是指对岩石分析正样所包含的元素种类进行粗略判断及分析；半定量分析是指对岩石分析正样所包含元素的比例进行粗略分析及判定，这样可以更好地帮助工作人员选择精准度高、与之相适应的岩石定量分析方式。同时为准确确定待测元素应用的测定方式及干扰消除的方式，必须将岩石分析正样定性及半定量进行准确分析，还要根据地质工作准确度的要求及实验室的实际操作情况进行岩矿样品测试工作。为避免样品测试的盲目性，可以选用化学分析法、仪器分析法进行岩石分析正样的定性及半定量分析，这样可以有效减少测试时间，提高测试速度，确保有用成分及含量的准确性。

（三）岩石矿物分析方式的选择

随着市场经济的迅速发展和科学技术的不断进步，岩石样品测试的要求也越来越高，测试的内容也不断增加，这样就增加了岩石样品测试的难度。在岩石各个元素测试中可以依据岩石分析正样的定性及半定量的分析结论，选用科学有效的测定方式对待测元素及共存元素的含量进行分析、判定。通常情况下，试样待测元素含量较高可以选用重量法、滴定法；试样待测含量较低可以选用仪器光谱法进行测试。

（四）拟定岩石矿物分析方案

拟定分析方案主要包含各元素的测定方式及分析方式等。拟定的岩石矿物分析方案要具有全面性、综合性，分取溶液对分解后的同一称样进行多组分的测试，在分析测试方案中普遍带有一定的局限性。为了适应时代的发展要求，必须根据分析化学的不断更新采用先进的分析方案。

（五）分析岩石矿物审查的结果

岩石矿物审查结果的分析作为岩石样品测试工作最重要的阶段，其目的是为了及时发现测试中存在的问题，并采用有效的解决措施，确保测试的质量。确定分析方案后，必须依据国家的相关规定对岩石样品测试工作进行准确的分析、判断。

二、岩矿样品测试工作的质量控制措施

（一）岩矿样品测试分析过程的质量控制

分析过程的质量控制贯穿于整个岩矿样品的测试工作，必须先对控制指标的准确度进行准确定位，这是有效进行岩矿样品测试工作的基础前提。我们要对岩矿样本中各元素分析结果的误差范围进行严格控制，尽可能减少误差值，并对精密度的控制指标进行有效确定，在本项工作开展中必须根据客户的要求及相关规定进行，提高空白试验的力度，依据空白试验得出的结论选用科学有效的对策。通常情况下，空白试验得出的结论值波动幅度大时，试验失误就越大，我们必须找出原因进行分析处理；当空白试验得出的结论值波动幅度小时，就不用进行校正。

（二）岩矿样品测试的质量评估

作为岩矿样品测试工作的重要组成部分，岩矿样品测试的质量评估具有极强的严肃性。在岩矿样品测试质量评估中主要有评估试样加工的质量、多种分析方法的质量等。对岩矿样品测试工作的方方面面都进行质量评估，才能更好地确保岩矿样品测试的准确性及真实性。在进行质量评估时，还要依据客户的实际需要和具体的测试情况选用最佳的质量评估方案，降低失误值，保证评估结果的准确性和有效性。

综上所述，随着国民经济的迅速发展和人们生活质量的不断提升，岩矿样品测试工作得到了极大的发展空间。作为地质工作开展的基础前提，岩矿样品测试工作在其发展过程中占有重要地位。依据国家的相关规定及客户的要求对岩矿样

品测试工作流程和质量进行严格控制，才能更好地确保岩矿样品测试的准确性及真实性，才能促进岩矿样品测试工作的顺利进行，才能为我国地质开采工作创造有利条件。

第四节　岩矿分析和测试技术的应用与发展分析

矿产资源是我国重要的自然资源之一。伴随着科学技术和经济的发展，矿产资源的开采具有极大的空间。我国地大物博，矿产资源也极为丰富。地质资源的开采量逐年增大，民众的需求不断地提升，都是我国岩矿开采技术需要不断提升的重要原因。在开采岩矿资源的过程中，需要对岩矿技术进行改进和创新，这样不仅可以满足人们对各种有益矿产元素的需求，还可以保证测试分析岩矿技术的有效性。只有对岩矿技术进行提升，才可以保证开采岩矿资源的顺利。

一、岩矿分析及测试技术

（一）岩矿分析技术

矿产勘探有其复杂性，特别是流程和步骤的复杂性和多样性，这对于矿产技术水平的要求也在不断地提升。我国的矿产资源需求量随着经济的快速发展而不断地加大，虽然我国的矿产开采技术有了发展和进步，不论是其勘测范围抑或是精密度都有了改进，但是在岩矿分析过程中，所产生的新式机器，新的岩矿分析方法，也具有了自己所独有的优势。在新的方法中，有我们所熟知的岩矿分析方法，如离子探针、电子探针和原子吸收光谱的方法等。这些方法的运用，不仅减少了所使用的成本，同时还可以促进岩矿分析效率的提高，但是在运用这些方式的过程中，还存在一定的问题，这就给这些方式的推广工作带来了难度。因此，现阶段，主要运用方式就是在溶液当中，融入表面活性剂，这样可以提高光谱吸收的有效性。

（二）岩矿测试技术

现阶段，根据岩矿测试技术发展的实际情况，我们可以知道在不同特性的方式当中，会具有不同的优势，同时包含的技术也会不同。例如，在运用物理性岩矿测试技术的过程中，主要的内容是根据各种矿藏物理特性的情况，然后进行充分的讲解说明。在各种岩矿中，其中对于晶体结构来说，会存在一定的差异性，这就需要对这些隐藏的差异进行详细的讲解。在测试的过程中，可以借助射线和红外光谱，然后还可以选择核磁共振的方式进行测试。在对晶体结构进行测定的过程中，还可以对晶体结构之间的差异进行明确。在进行操作的过程中，可以体现出微观晶体的性质。随着社会经济的不断提高，我国物理技术也得到了迅速发展，因而各种光波设备和声波在实际中得到了广泛的应用，我国在测量方面得到了很大的提升。在对岩矿进行定性的过程中，需要对现有的物理技术进行创新和改进，还需要和化学技术进行有效的结合。

二、岩矿分析和测试技术的应用要点

（一）岩矿分析步骤

在加工岩矿试样当中，需要保证岩石取样工作的合理性。在研究地质的过程中，其中的岩石取样工作有着重要的地位。此项工作是工作人员为了对砂矿或者岩矿进行系统性选择而进行的，同时，可以将此样品放置在显微镜之下，并且对其进行观察。首先，采样点的布设要尽量分散，避免过于集中。采样点的位置直接决定了所采矿样的质量，所以在布设采样点的过程中，我们要认真分析该矿区的基本地质情况和地形走势，然后本着使采样点尽可能反应不同区域的岩石特征的目的，分散的布设采样点，避免因其过于集中导致的对岩石特征的认识片面。其次，在试样提取阶段我们要合理的利用原有的工程点，将合理工程点直接转化为采样点，也可以直接利用原有的矿芯和岩芯。在采用的过程中，对于已经开采过的矿山，应充分利用已有的勘探工程和采矿工程，选择其中对矿石类型和工业品级揭露最完全的工程点作为采样工程点。因为利用原有的工程点进行采样，不仅可以节省很多采样的前期处理工作，还可以直接达到理想的采样深度，但是要注意的是，如果选用现成的岩芯和矿芯作为试样，切忌将其全部提取，要保有一部分的备用备查矿样，否则一旦试样存放和管理上出现问题，就会给勘察工作带来不便。

试样加工的基本要求：①加工后的试样应保证与原始样品的物质组分及其含量不发生变化。②应该有良好的均匀性。③必须达到规定的粒度要求。④应根据不同的矿种和不同的分析要求，采取不同的加工方法，确保加工质量。

分析子样的代表性应给予足够的重视。某些痕量元素当以独立矿物存在是，它在粉末中的分布不易均匀，若称取试样量过少，必将导致分析结果分散，失真。此外，在试样提取阶段，我们还要充分的考虑化验分析的方法对于试样的量的影响，适当的增减试样的提取量以适应不同的试验要求。

（二）科学合理地筛选测试方式

在对筛选人员进行定性和筛选的过程中，主要运用的方式包括了定量分析法和定性分析法，从而保证选择筛选方式的合理性。但是不论选择哪一种方式，都需要对式样的性质和内在的各个元素进行充分的了解，另外，分析明确式样中的岩矿元素，在对所需和必要岩矿元素进行筛选的过程中，需要运用中合滴定法、称重法以及普光测定法等方法进行筛选。

（三）测试操作

接着进行测试操作的步骤。这一步骤，主要可以采用的具体方式如下：在完成采样工作之后，需要进行详细的分析，然后还需要对每个分组中的溶液进行研究。

岩矿分析需要不断提升技术水平，不断使岩矿测试的方案提升科学性和全面性。我国的岩矿技术发展现状，也使我国的岩矿技术测试具有极大的提升空间。

（四）测试结果

在完成上三个步骤之后，我们就可以获取到岩矿测试的结果。通过测试结果的情况，需要对岩矿测试的过程进行分析，其目的是对测试结果的正确性进行检测，提高提供数据的准确性。

三、岩矿测试的未来发展趋势分析

未来的岩矿测试技术发展具有极大的空间，伴随着三维立体图像技术的发展，我国的岩矿测试技术也和三维立体图像技术进行了有效的结合，可以在更深更远更精确的程度上确保我国岩矿开采技术数值的精确性，同时，工作人员可以根据这些数值进行更为精确的分析。不论是从微观抑或是宏观的角度来看，岩矿测试技术的发展都具有极大的空间。

天体的探测技术的不断强化，推动了岩矿技术的实际探测范围的扩大，同时也能够确保测量数值的精确性，不断地深入地下甚至是天体之下所深埋的一些岩矿物质进行科学的探测。另一个方面，我们也要对各种探测仪器进行不断的更新，不断地使我们的实测数据得到完善。在未来的岩矿测试中，我们可以不断采用新的岩矿分析技术，甚至是自动性的岩矿测试技术。同时，我们还需要注意以下几个方面：在进行岩矿测试的过程中，需要对覆盖面进行拓展，但是也会存在一定的安全隐患。因此，在进行探测工作的过程中，需要遵守环保规定的要求，对周围的岩矿环境起到保护的作用。在选择探测手段的过程中，需要具备一定的环保性，从而不对环境造成污染。只有保证测试方式的环保性，才可以促进岩矿测试工作的提高。

总而言之，伴随着我国科学技术的不断发展，地质学技术同样取得了长足的发展。岩矿分析与测试技术作为地质学技术中的重要组成部分，在岩矿分析与测试技术不断进步的背景下，对岩矿检测的未来发展具有重要的推动作用。

第五节　提高岩矿测试结果准确性的方法分析

岩矿测试技术在矿产行业中起着十分重要的作用，在对岩矿进行开采的时候要对其中所含的元素进行测试，同时是一项专业性很强的工作，岩矿测试工作的实践过程中需要利用很多先进技术。在科技背景条件下岩矿测试技术以及功能性也会越来越强，同时应该严格按照规范要求进行才能提取出更多的矿物质元素，充分掌握好岩矿测试过程中每一个容易被忽视的细节，提高矿产资源的利用率，对我国岩矿开采行业的稳定发展也有很大的帮助。本节就将对提高岩矿测试结果准确性的注意事项进行简要的说明。

一、提高岩矿测试结果准确性的重要性

我国被称之为能源大国，而矿产资源也十分丰富。基于国内科学技术水平的提高，岩矿测试技术也多种多样，且先进性更为突出。在对现代化仪器设备进行应用的基础上，保证方法选择的科学性，就能够确保测试结果准确。这样一来，通过岩矿测试还能够对岩石内所含有的元素量与地质环境特征进行深入的了解。由此可见，岩矿测试技术对于矿产行业的可持续发展产生了积极的影响。而在开采岩矿的过程中，必须严格测试其中所包含的元素，岩矿测试工作的专业性特征较为明显，因而需在测试岩矿的时候对多种现代化技术予以合理地运用。基于科技时代背景，岩矿测试技术与功能优势也更加明显，因而只有始终遵循规范要求开展工作，才能够在其中提取所需矿物质元素，并对岩矿测试中易忽略的细节问题进行全面的掌握，实现矿产资源利用效率的提升。这对于岩矿开采行业的可持续稳定发展也同样产生了极大的帮助与正面影响。

二、岩矿测试结果准确性的提升方法

（一）完善样品处理过程

在样品处理过程中，相关技术人员要积极践行过程化管理机制，精细化处理每个流程，从而保证样品测试结果符合标准化要求。

第一，有效控制验收流程。在接收到岩矿样品后，要结合客户的实际需求对样品进行标号和数据记录，数据主要是质量、性质、包装以及可检性等。对数据进行查收和登记后，对不符合实际情况以及影响检验标准的样品集中筛选，有效商定解决措施，确保处理效果能符合标准化要求。

第二，标识过程。要制定特定的标签进行矿石分类标注，对设计流程、运作过程以及样品实物处理项目进行统筹分析，并且着重关注实验室流转的目的以及过程，确保流转进程中不会出现混淆，只要样品在实验室就要对其标识进行保留。

第三，制备过程。在整个样品处理过程中，制备流程最为关键。要结合岩矿的样品性质以及测试要求，对其进行加工制备处理，遵循《地质矿产实验室测试质量管理规范》第2部分：岩石矿物分析试样制备的具体要求，有效提高制备水平。

第四，对样品进行集中存储。按照标准化程序和设施要求，有效规避岩矿样品在流程中出现的退化以及变质问题，从根本上避免样品被破坏。

（二）完善样品测试过程

在对样品进行测试的过程中，要对测试方法、测试过程以及测试数据进行统筹管理。

第一，测试方法。测试方法的选取要按照规定的技术依据和基本程序，需要注意的是，实验室内只有使用适合的方法进行测试工作，才能从源头提高整体测试效果，并且按照《程序一览表》规范相关操作。在实际操作项目开始后，不仅仅要选择满足客户实际需求和法规标准的测试机制，也要对规范化要求予以高度重视，维护测试流程的完整性和实效性，提高测试项目的整合水平和处理机制。

第二，测试过程。在岩矿样品测试工作开展过程中，也要对测试过程和质量控制要点进行系统化分析，确保处理效果和处理机制的完整性。选取最有效的质量控制技术，借助标准物质和控制样品进行内部质量管理。

（1）分析留存样品，进行再测试。

（2）进行技术核查。

（3）分析实验室样品特性结果的相关性。

（4）使用不同方法或者是不同工作人员进行重复试验。

（5）参与实验室间的比对能力验证工作。

只有保证数据测试过程的完整性和准确性，才能提高岩矿样品测试准确性。另外，需要制作标准曲线的，测试人员要确定标准系列的数量、最高点以及最低点浓度含量，曲线的浓度点要在6个及以上，利用关系式进行校对，相关系数r争取控制在0.999以上。

第三，测试数据分析过程。一般而言，数据处理工作分为手工采集和自动化采集两种，借助验证和控制措施对数据进行系统化分析。首先，要对常数和数表等基础元素进行标定，按照相关标准对数据进行集中的修约操作，其中，极限数据结合相关要求进行合格性判定。其次，要针对可疑数据进行核查，主要分为以下几个方面：

（1）对测试方法和步骤进行核查。

（2）对测试样品进行重复试验。

（3）对操作仪器进行核查。

（4）对环境和影响量进行统一控制。

（5）对原始数据记录和计算过程进行核查。

（三）完善样品测试结果的分析过程

测试结果的处理工作要满足准确性要求、清晰性要求以及客观性要求，以报告的形式呈现出来，对用户要求的相关参数和具体测试结果进行处理，确保全部信息整合机制的完整性，维护书面协议的有效性。原始记录在书写过程中要清晰流畅，提高校对的实效性。并且要在书写原始记录出现错误需要改正时，对错误数据进行标注，针对需要更改和调换数据样本，也要进行标注和处理，添加"作废"字样，在错误数据的右上方填写准确数据，左下方则要进行签名或盖章标注，确保处理水平和综合效果切实有效，不能进行涂改。除此之外，测试报告要进行全过程处理。若是要对发出的报告进行修改，则需要进行补充报告的替代处理。发布新的报告时，需要对标识进行整合，按照标准化流程处理相关工作，维护测试数据整合的准确性，也能保证处理效果最优化。

（四）完善资源保证体系

在测试过程中，除了要对数据和样品进行全面管理外，也要对资源保障体系予以全面重视，确保人员管理、设备管理、溯源管理工作都能符合标准化要求，才能真正提高测试结果的准确性，维护试验整体效果和处理水平。在人员管理项目中，要确保相关工作人员专业水平符合项目管控要求，并在明确岗位职责的基础上，秉持严肃认真且严谨的工作态度，对检测项目流程进行统筹化管理。相关部门也要制定有效的人才培训计划，提高其专业素质的同时，落实岗位职责教育工作。在设备管理方面，则要对仪器设备、辅助设备以及装置进行标准化管控，提高质量参数的稳定性。对于溯源管理，要制定量值溯源计划和校准程序，确保校正管理工作有效开展，追溯到有证标准物质、约定方法以及测定协议标准等源头，提高测量准确性。

总而言之，在岩矿测试样品准确性管理工作开展过程中，要运行精细化管理机制，确保测试流程和测试结果符合需求，对数据进行全面整合和分析，提高整体工作的完整程度，为岩矿样品处理项目的可持续发展奠定坚实基础。

第六节　岩矿测试数据处理过程中对灰色误差理论的应用

在对岩矿测试数据处理过程中，为了确保数据处理的准确性和可靠性，近年来新的数据处理方法不断涌现，其中灰色误差理论在数据处理方面，发挥了重要的功能和作用。本节对灰色误差理论的应用研究，注重把握灰色误差理论的概念和内涵，借助于灰色误差理论的实例分析，对该法的优势进行把握，以提升岩矿测试数据处理的精确度。

一、灰色误差理论基本理论分析

灰色误差理论与传统的统计学理论不同，能够对小样本进行有效的数据分析，是一种非统计理论的处理方法。灰色误差理论介于信息完全明确和信息不完全明确之间，一部分信息已知，另一部分信息未知的情况下，能够对小样本数据进行很好处理，得到的数据具有一定的精确性。在进行岩矿测试过程中，一些数据获得可能受到仪器、地质情况等因素影响，导致部分信息不明确，借助于灰色误差理论，利用理论值对未知数据进行替代，是岩矿测量分析的关键。同时，灰色误差理论在数据分析过程中，运算过程简单，要比统计学理论方便很多，这为灰色误差理论在岩矿测试数据处理中的应用创造了有利条件。

从灰色误差理论的本质来看，灰色误差理论对不确定信息进行研究，是一门应用数学。灰色误差理论考虑到了岩矿测试数据处理的实际情况，对一些匮乏的数据信息进行把握，通过对一定区域变化的灰色数据进行分析，能够使数据的精确度得到提升。灰色误差理论需要对关联性因素进行把握，注重对事物的发展趋势和客观变化进行描述和评价，根据一定的规律，实现对数据的精确预测。

在进行岩矿测试数据处理过程中，误差的存在，使每个测量值接近于真实值，但并不是真实值，其与真实值之间存在着一定的分散关系。针对这一情况，可对其进行按照升序排列的方式，对其序列进行处理。

测量的随机误差值会对实际的测试结果产生影响，在对灰色误差理论应用过程中，对误差值的评定，需要借助对标准测量不确定度进行把握。

灰色误差理论在岩矿测试数据处理过程中，要注重对灰色量以及序列进行把握，对系统误差进行有效判断，从而使灰色误差理论在分析过程中，使数据的精确度得到较好的提升。

二、灰色误差理论在岩矿测试中的应用

灰色误差理论在岩矿测试数据处理中应用时，注重对随机变量问题予以把握，将这一随机变量看作是一定范围内的灰色数据。在借助灰色误差理论进行数据分析过程中，数据虽然具有一定的复杂性，并且具有离乱特征，但是从整体角度来看，数据之间存在一定的有序性，这种有序性为灰色误差理论分析提供了有效参照。在对岩矿测试数据处理过程中，把握数据之间的有序性，对原始数据处理后，把握数据之间的规律，能够对岩矿变化过程做出相应的描述和评价。灰色误差理论在数据处理过程中，主要采用了累加生成和累减生成的方法，使无规律的原始数据能够有规律可循。

岩矿测试过程，涉及了物理和化学的定性，数据测量具有定量关系。对比传统测量方法来看，统计方法在数据处理过程中，会对数据的正态分布情况进行把握，并以此作为统计学理论分析的基础。这种情况下，要求的数据量较大。而在实际分析过程中，小样本数据量的情况较为普遍，在一些特殊地区，获取的测量数据只有3～7个。这样一来，在对数据处理过程中，由于数据的特殊性，加之其与统计学方法要求的正态分布特性有着一定的差异性，导致数据处理可能面临较大的误差，不利于实际操作。

结合灰色误差理论，将其在岩矿测试数据处理过程中应用时，以铜矿石的Co岩矿化学分析数据作为研究对象，根据其标准值情况，对其采用标准测量不确定度评定的方法，对岩矿测试数据进行研究。在测量数据选择方面，以两个数据列作为研究对象，对Au测试数据进行把握，从而使数据分析的精确度得到更好地提升。

对数据的粗大误差和系统性误差判断之后，需要进行标准测量不确定度的评定。在这一过程中，需要对其测量次数进行把握，之后将获取的数据序列相互进行对比，从而对最终的数据进行应用。

标准测量不确定度的数值越大，表明数据的分散程度越大。在将标准测量不确定度应用于岩矿测试数据处理过程中，为了降低误差，可对每组的数列进行单独绘图分析，从而对其精确度予以把握，以满足研究的实际需要。

灰色误差理论在岩矿测试数据处理中的应用，要注重对灰色误差理论的基本内涵予以把握，注重对已知信息进行利用，从而对未知信息进行有效的分析，以改变传统统计学理论分析过程中存在的困难性，使岩矿测试数据处理更加方便、快捷。在实际应用过程中，要注重对数据的粗大误差和系统性误差进行把握，在确保数据不存在粗大误差的情况下，对系统性误差进行分析，为标准测量不确定度分析提供支撑，保证岩矿测试数据处理更具针对性。

第四章 成矿预测与矿产普查

第一节　成矿预测基本概念

◇◇◇◇◇◇◇◇◇◇◇◇◇◇◇◇◇◇◇◇◇◇◇◇◇◇◇◇◇◇◇◇◇◇

一、概念

成矿预测是为了提高找矿的成效和预见性而进行的一项综合研究工作。其主要过程是根据工作地区内已有的各种地质矿产和物化探等实际资料，全面分析区内的地质特点和已发现各种矿产的类型、规模及共在时间、空间上与地质构造的关系，阐明其成矿规律，进而预测区内可能发现矿产的有利地段、控制条件，指出需要进一步工作的方向、顺序和内容等，为正在进行或下一阶段的普查找矿工作提供依据。

成矿预测是普查找矿先行步骤，是提高地质矿产工作成效的重要措施。由于研究对象是复杂的地质体，虽有其共性，但也千差万别，因此成矿预测成为当代最受人关注、最复杂的地质课题之一。进行预测的理论和方法，尚不成熟。人们主要是应用在矿床学研究实践中取得的相应概念，结合预测地区的成矿条件和找矿标志，运用相应的探测手段进行矿产预测和找矿。在很多地区已经取得了突破，表明成矿预测正在不断完善中。

成矿预测的目的是选好找矿靶区，为进一步勘查指明找矿方向。预测理论基础是客观事物发展变化过程中所具有的普遍规律，即惯性原理、相关原理和相似原理。

二、成矿预测的工作程序

成矿预测的工作程序，大体如下：

（1）明确预测要求，必须首先明确预测区范围、预测的主要矿种、要求的比例尺和原有工作基础等。

（2）全面搜集地质资料，包括各种地质报告和图件、地球物理和地球化学探矿、重砂测量和遥感图像等资料，并加以系统整理。

（3）研究成矿地质背景，包括已知区和未知区的地质背景及其演化发展，重点是与成矿有关的地质构造背景；研究找矿信息，找矿信息在成矿预测中具有直接的导向作用，对地质、矿物、地球化学、地球物理、水文、遥感等信息要进行综合研究和数据处理，编制各种图件。

（4）分析控矿因素（见成矿控制因素），确定预测准则和标志，如构造标志、岩浆岩标志、古地理标志、古岩相标志、地球物理标志和地球化学标志，并编制相应图件。

（5）编制成矿预测图，在图上要反映出主要控矿因素和找矿信息，用已取得的成矿概念进行综合分析，圈定预测靶区。

（6）重点工程验证，选择条件最好的靶区，施工揭露，以便及时检验预测的可靠性，这项工作常结合普查工作进行。

（7）进行定量评价，在大比例成矿预测中还要依据钻孔查证资料，计算一部分远景储量。

三、方法

（一）成矿预测常用的方法

成矿预测常用的方法有以下4种：

1.地质类比法和就矿找矿法

矿床或矿田存在本身表明了多方面控矿因素的最佳结合。研究总结已知典型矿床的成矿地质环境和控矿地质因素，以作为类比并推断未知地区成矿可能性的依据。这两种方法对矿区外围找矿和开拓新区都有显著效果。

2.统计分析法

用数学地质方法进行矿产统计预测。它是在地质—成矿现象数字化和定量化的基础上，利用恰当的数学模型来实现的。它定量地研究各种找矿信息，找出各种信息最有利成矿的数值范围，建立主要找矿信息与矿化之间的函数关系，并定量地显示预测结果。常用的统计分析法有概率统计和多元统计等。

3.矿石建造分析

稳定的矿物共生组合即矿石建造是一定地质建造的自然组成部分，同种类型矿石建造组成的矿床有着相似的成矿地质环境和机制。厘定各种类型矿石建造及其相应的地质建造以及它们形成的地质背景，在预测实践中很有成效，特别是与不同火山建造、火山–沉积建造、与基性–超基性岩建造有关的各种矿石建造的预测中效果更好。

4.矿床模式研究

它是在矿床类型典型化基础上发展起来的一种预测方法，其途径是将某一类矿床的关键性地质因素（如成矿地质背景、矿质来源、矿液运移途径、矿石堆积环境等）的共同特点加以综合，形成一个完整的成矿系统，即矿床成因模式。根据这种模式在相似的地质环境中进行预测，能客观地表征矿质富集地段，并划出相应的远景区。

（二）我国成矿预测的方法

将现代成矿理论应用于成矿预测，代表性的成矿预测方法有经验模式预测法、理论模型预测法、统计分析预测法、综合信息成矿预测法。现对目前比较流行的、有重要意义的成矿预测方法作简单总结。

1.经验模式预测

经验模式预测是通过模式类比来实现的。此方法以矿床描述模式为基础，并通过实践经验来实行。类比理论是成矿预测理论中的重要理论之一，类比方法是成矿预测方法中的重要方法之一，其他预测方法都是建立在类比方法的基础之上。同样的地质区域有相近的矿产资源储量，同样的地质背景有相同的矿产产出。运用成矿模式指导成矿预测是首要的工作方法，同样，也是地质类比法的基本依据。模式类比可以划分为：经验类比、成矿模式集的排列类比、计算机模拟类比、专家智能系统类比。

2.理论模型预测

理论模型预测是以矿床成因模式为基础，运用现代地质方面的有关理论进行预测。由于地质方面的理论目前还处在发展阶段，在理论模型预测的实践中还存在着一定的困难。因此，理论模型预测方法还处在探索摸索之中。如果地质方面的有关理论一旦出现重大的突破，理论模型预测必然将出现较大的突破性进展。

3.统计分析预测

统计分析预测方法是运用数理统计建立基本统计模型，然后再进行外推预测。通常在已知勘查区，用已知矿床作为标准进行样品统计，建立基本统计模型。外推预测是在未知区进行的，由于模型区的地质矿产研究程度较高，能选出反映矿床分布规律的地质变量，其中包括直接变量和间接变量，此模型称之为基本统计模型。用基本统计模型在进行外推时，由于在未知区内许多直接变量是不容易取到的，所以基本统计模型在未知区不能直接使用。为使基本统计模型能适用于预测条件，必须将此模型进行适当的处理，这种处理称为模型的简化，所得到的模型称为简化模型。这种简化模型主要是由间接变量组成的。由于直接变量往往和间接变量是有联系的，因此，简化模型本质上就是变量之间信息转化的结果。

简化模型的特点：基本统计模型经简化形成后的满足预测要求的定量模型；变量组合是评价的准则；最大限度地逼近基本统计模型；与基本统计模型有继承性。

4.综合信息成矿预测

综合信息成矿预测方法和常规的成矿预测方法有一定的差别。常规的成矿预测是以成矿模式为基础，以控矿理论为依据，通过成矿规律研究，达到预测和圈定靶区的成矿预测方法，是矿床学迈向实用阶段的重要标志。

综合信息成矿预测是以找矿模型为基础，运用地物化遥等综合资料，建立综合信息找矿模型，进行成矿预测的方法。它重视矿床地质条件的分析，找矿标志的研究和成矿规律的总结，很少受矿床成因学术争论的影响，因而具有更好的客观性和真实性。

综合信息成矿预测是以地质条件为先提，以综合信息找矿模型为目标，以认识成矿规律为准则，以达到定位预测为目的任务。该方法是常规成矿预测方法的进一步深化，是寻找隐伏矿体和盲矿体的主要方法之一，也是地物化遥相互组合和统一的基本途径。

四、原则

成矿预测工作的基本原则：

（1）地质、成矿规律研究为基础原则。

（2）尺度一致原则（资料基础，工作比例尺，成矿区带级别、地质变量）。

（3）循序渐进原则。

（4）综合信息原则（地物化遥）。

五、成矿预测理论体系

随着成矿新技术、新理论、新方法的不断发展，尤其是计算机技术广泛运用，地质科技工作者将成矿预测、矿产统计预测作为数学地质研究领域的一个重要研究方向，展现了广泛的应用前景。在开展各种科研工作的同时，也形成了一些具有我国特点的矿产资源预测方法体系，经过反复的实践证明和检验，这些矿产资源理论方法体系各具特色，对生产和科研具有实际意义和指导作用。

（一）综合信息评价理论

该理论由王世称教授等人提出。它是从预测研究区的地质构造环境和所预测矿种的已知矿床（点）入手，分析矿床的成矿规律，控矿条件，以此为前提对各种地物化遥资料进行解释，研究直、间接信息的关联关系，形成综合信息系统，深化已取得的地质规律的认识，建立以找矿为目的的综合信息找矿模型。研究矿化单元边界条件，划分出不同等级的地质统计单元（预测靶区）；研究信息与矿产资源特征间的关系，选择最佳变量组合；应用电子计算机技术将综合信息找矿模型转化为定量评价模型，将其外推到地质构造环境相类似的未知区域，实现对资源特征的定量估计。

（二）相似类比理论

相似类比理论是矿床预测的重要基础理论之一。该理论认为在相似地质环境下应有相似的矿床产出，在相同的地质范围内，应有等同或相近的资源量，同类型矿床之间可以进行类比。与已知的矿床具有相似地质环境的地区，可以认为是成矿的远景区或成矿靶区。

（三）地质异常理论

相似类比理论只能预测和寻找与已知矿床类型和规模大致相同的矿床，不能预测尚未发现的新类型矿床。赵鹏大院士等提出的地质异常致矿理论成功地解决了这一问题。其主要内容是：地质异常反映的是在成分结构、构造或成因序次上与周围环境有明显差异的地质体或地质组合；是与周围总体地质特征极不相同的地区，在大比例尺中系指地质、物探、化探、遥感等各类异常的综合。

（四）矿床成矿系列理论

矿床成矿系列理论主要是研究一定的地质时期和地质环境中，在主导的地质成矿作用下形成的时间上、空间上和成因上具有密切联系的一组矿床类型的组合。根据已知的成矿系列理论，针对工作地区的地质构造环境和岩石建造特征，可以预测该区可能存在的某一（些）成矿系列，有效地指导成矿预测工作，促进矿产资源的勘查工作。该系列可分出以下不同级别的序次：矿床成矿系列组合、矿床成矿系列类型、矿床成矿系列、矿床成矿亚系列、矿床式（或矿床类型）、矿床。成矿系列理论是我国矿产预测的重要基础理论之一。

（五）成矿系统理论

将成矿的构造体系、流体系统和化学反应及矿床定位机制有机地结合起来，从成矿作用动力学演化的角度来分析成矿作用过程及其要素，以新的思路去探讨认识矿床的形成和分布规律，更有效地指导找矿工作。其基本内涵是"成矿系统是指在一定的时空域中，控制矿床形成、变化和保存的全部地质要素和成矿作用的过程，以及所形成的矿床系列、矿化异常系列构成的整体，是具有成矿功能的一个自然系统"。成矿系统的内部结构包括四个部分：控制成矿因素；成矿要素；成矿作用过程；成矿产物。

（六）矿床成因模型预测理论

21世纪以来，国际上兴起了以矿床成因模式进行成矿预测和找矿的热潮，其主要内涵是针对不同矿种、不同成因类型的矿床进行成因模式研究，利用已知矿床的成因模式开展成矿预测并直接指导地质勘查找矿工作。

第二节　控矿因素

一、控矿因素概念

控矿因素指控制矿床形成和分布的一切有关因素。具体如构造、岩浆活动、地层、岩相、古地理、区域地球化学因素、变质因素、岩性、古水文、风化因素、人为因素等。一个矿床的形成往往是多种控矿因素共同作用的结果，但针对具体的某一类矿床，则控矿因素对成矿的贡献是有主次之分的。

控矿因素研究是预测、找矿工作中最基本的、不可回避的工作内容之一。通过控矿因素剖析，把握矿床成矿机制及时空上的产出及分布特征，在此基础上总结矿床成矿规律，进而利用成矿规律指导预测、找矿工作。

随着矿床学研究及矿产勘查工作的不断深入，控矿因素的内涵正在不断地扩大：如随着生物成矿作用研究的深入，生物活动对成矿的控制的重要性正逐渐得到认同。由于非传统矿产资源勘查、开发工作的提出及进行，"人工矿床"的概念已普遍被人们所接受。分析、研究人为因素对"人工矿床"的制约已成为一种理所当然的工作内容。

另外，迄今为止，控矿因素研究已经历了一个由一般到特殊，由特殊到综合的研究过程；即由以前的重视在众多的控矿因素中，抓主要的控矿因素、强调主要控矿因素对成矿的主导作用，到目前的重视多种控矿因素的共同耦合致矿，强调成矿环境对成矿的控制作用。这种变化是与传统的矿床分类逐渐淡化（如内生、外生矿床的界定发生模糊，像热水成因矿床的归类问题）以及因找矿工作难度不断加大而强调综合找矿、找大矿的局面相匹配的。

矿床形成需要多种有利地质因素的巧妙结合。对于不同成因、不同类型的矿床来说，在成矿过程中起主要控制作用的因素是不同的。内生矿床的主要控矿因素往往是区域性和局部性的构造格局、火成岩的特点以及容矿岩石的岩性；而在外生矿床的形成中，区域性构造因素和沉积因素往往起了格外重要的作用。研究控矿因素，对矿产预测、找矿勘探和矿床评价，具有重要意义。

二、控矿因素类型

控矿因素很多，最重要有构造、沉积、岩性和岩浆4类。

（一）构造控矿因素

矿床形成的重要控制因素。控矿构造可分为区域性控矿构造和局部性控矿构造两类，前者控制矿带和矿区的形成和分布，后者决定矿床的定位。

1.区域性控矿构造

包括造山带、褶皱带、深断裂、裂谷、岛弧及逆冲推覆构造等。它们组成了大地构造格局，控制了岩浆活动（侵入、火山）及有关的内生矿化。造山带和深断裂都有一定变质作用与之伴随，形成不同规模的变质相带和有关变质矿床。以造山带为例加以说明：造山带是岩浆侵入的带，当然也就是与岩浆有成因联系的成矿带。矿床常常产在岩株和岩基里或在其周围成群分布。造山带有较深较大的断裂，矿液可以沿着它上升，再流入其他相连的通道，最后形成矿床。大体上来说，褶皱、岩浆侵入、断层和矿化彼此相关，并按一定的顺序发生。首先发生褶皱并伴随着形成倾角不大的逆断层，然后大规模的岩浆活动，接着发生断层，它们区域性地和局部性地控制了紧接着发生的矿化作用。

2.局部性控矿构造

包括断层、褶皱孔隙、裂隙带、剪切断裂、角砾岩带等以及它们的交接复合部位或它们与有利岩层的交接部位。这些常是地壳中含矿流体运移的通道和矿石堆积的场所，因而在一定程度上决定矿体的形态、产状和空间位置。构造的多期次活动导致成矿多阶段，影响矿化分带和矿体内部结构等（见矿田构造）。

（二）沉积控矿因素

包括地层、岩相、古地理、古地貌、古气候和古水文地质条件等。

地层控制对于沉积矿床，具有头等重要意义，对于某些内生成矿作用也占重要地位。铁矿主要产于前寒武纪地层中，盐类矿床则主要集中于泥盆纪、二叠纪和第三纪地层中。地层不整合面所代表的古侵蚀面，是聚集残余矿床和砂矿床的有利部位。

沉积岩相对成矿有更直接的控制作用。大多数矿床都产在一定的岩相中，例如海陆交互三角洲相的沉积、成岩、生物和化学条件是极有利的生油和储油环境，有良好的油、气远景。海相火山–沉积岩相对形成铁、锰和块状硫物矿床有重要意义。

古地理和古气候条件对于沉积矿床的空间分布和矿床类型有直接影响，如煤矿层形成于温湿气候条件的沼泽盆地中，而含铜砂岩形成于干燥气候条件下的河谷或三角洲中。

不同地质时代有不同的沉积条件，所以能形成不同种类或不同规模的矿床。对各种沉积矿床来说，都存在着较重要的大量形成的时期。煤矿出现在古生代和古生代以后的地层中，这是古生代尤其是晚古生代以来，具有温湿的气候环境，陆生植物大量繁殖的缘故。就世界范围看，主要的含煤地层为石炭二叠系、侏罗系和第三系。锰的成矿时代，以前寒武纪和第三纪为最重要，集中了全世界锰储量的一半以上。铝土矿的主要成矿时代是石炭二叠纪、侏罗白垩纪、第三纪和第四纪，在中国以石炭二叠纪为最重要。大部分条带状硅铁建造都形成在距今26亿～28亿年的一段时间里。

（三）岩性控矿因素

容矿岩石的物理性质和化学性质对于成矿作用方式、矿化强度、矿体产状以及矿床类型等均有明显的控制作用。

在物理性质中，岩石的孔隙度、裂隙度、渗透性、抗压强度等对矿化强度、矿石组构以及矿体产状等都有影响。如多孔状岩石中矿化常较强烈；脆性大的岩石容易碎裂，也有利于矿液流动和矿质的沉淀，很多矿床，例如斑岩型和网脉型矿床的形成都需要脆性岩石条件。

岩石的化学性质在后生矿床的定位中起重要作用。有些岩石，特别是碳酸盐岩，由于其较高的化学活性，易于与矿液发生化学反应而沉淀下成矿物质，因此，比别的岩石更适合于容矿，矿体常常选择性地产在石灰岩里。而一些塑性强的岩石，如页岩、片岩等由于其不易发生裂隙，往往能成为矿液运动的隔挡层，因此，当具有一定厚度的脆性和塑性岩石互层时，在脆性岩石中常能形成矿体。

（四）岩浆控矿因素

又称火成岩因素。它是内生成矿作用的重要因素。在外生矿床，尤其是风化矿床和砂矿床中，岩浆岩也是成矿物质的一个重要来源。

在内生矿床中，岩浆的控制作用表现在以下几方面：

（1）一定化学成分、矿物组合的矿床常与一定成分的岩浆岩有关。例如，铜镍硫化物矿床常产于苏长岩–辉长岩中，刚玉和磷灰石常产于霞石正长岩中，这种关系叫岩浆岩成矿专属性（见成矿专属性）。

（2）不同类型矿床在侵入体内外的产出常表现出一定规律：岩浆矿床产于岩体内部；伟晶岩矿床产于母岩侵入体内或其毗邻围岩中；接触交代型和某些高温热液型矿床产于侵入体接触带或附近围岩中等。

（3）岩体侵位深度对成矿有一定影响。一般在深成和中深部位易生成云英岩型、矽卡岩型矿床；在浅成和近地表条件下，易形成中低温热液型矿床和斑岩型矿床。在相对开放的环境中易形成火山喷溢型和角砾岩筒型矿床等。

（4）矿体与岩体形态、大小和部位的关系。不少热液矿床总是在岩基的特定部位产出。岩基是很大的侵入体，通常宽数十公里，长数十至数百公里，下延很深。岩基顶部的形状很不规则，可以向上突起呈圆丘、圆锥，或在一个方向上略有延长的岩钟。许多地质工作者都指出，岩浆分出的流体倾向于先聚集在岩基顶部的岩钟里，再进入岩钟已凝固的边部或上覆围岩中，从而岩钟成为矿体的分布中心，并起了控矿作用。

第三节　找矿标志

找矿标志是指直接或间接指示矿产存在或可能存在的现象或线索，直接找矿标志如矿体露头、铁帽、矿砾、有用矿物重砂异常、旧矿遗迹等，间接找矿标志如蚀变岩石、岩石的特殊颜色、特殊地形、特殊植物、地名、物探异常、化探异常、遥感影像异常等。

一、地质找矿标志

（一）矿产露头

矿产露头可以直接指示矿产的种类、可能的规模大小、存在的空间位置及产出特征等，是最重要的找矿标志。由于矿产露头在地表常经受风化作用改造，因此据其经受风化作用改造的程度，可分为原生露头和氧化露头两类。

原生露头是指出露在地表，但未经或经微弱的风化作用改造的矿化露头。其矿石的物质成分和结构构造基本保持原来状态。一般来说，物理化学性质稳定，矿石和脉石较坚硬的矿体在地表易保存其原生露头。例如鞍山式含铁石英岩，其矿石矿物和脉石矿物基本上全是氧化物：磁铁矿、赤铁矿、石英等，因此不会再氧化，至多磁铁矿氧化为赤铁矿，故地表露头基本上反映深部矿体的特征。此外、铝土矿、含金石英脉，各种钨、锡石英脉型矿体和矿脉在地表同样稳定，其中主要矿物皆为氧化物。这类露头一般能形成突起的正地形，易于发现，并且还可以根据野外肉眼观察鉴定确定其矿床类型，目估矿石的有用矿物百分含量，初步评定矿石质量。

多数的矿体的露头，在地表均遭受不同程度的氧化，使矿体的矿物成分、矿石结构发生不同程度的破坏和变化，这种露头称之为矿体的氧化露头。在对金属氧化露头的野外评价中，要注意寻找残留的原生矿物以判断原生矿的种类及质量，另外也可以据次生矿物特征判断原生矿的特征。

金属硫化物矿体的氧化露头最终常在地表形成所谓的"铁帽"。铁帽是指各种金属硫化物矿床经受较为彻底的氧化、风化作用改造后，在地表形成的以Fe、Mn氧化物和氢氧化物为主及硅质、黏土质混杂的帽状堆积物。铁帽是寻找金属硫化物矿床的重要标志。国内外许多有色金属矿床就是据铁帽发现的，如果铁帽规模巨大，还可作铁矿开采。在预测找矿工作中，对铁帽首先须区分是硫化物矿床形成的真铁帽或是由富铁质岩石和菱铁矿氧化而成的假铁帽，其次对铁帽要进一步判断其原生矿的具体种类和矿床类型。

（二）近矿围岩蚀变

在内生成矿作用过程中，矿体围岩在热液作用下常发生矿物成分、化学组分及物理性质等诸方面的变化，即围岩蚀变。由于蚀变岩石的分布范围比矿体大，容易被发现，更为重要的是蚀变围岩常常比矿体先暴露于地表，因而可以指示盲矿体的可能存在和分布范围。

（三）矿物学标志

矿物学标志是指能够为预测找矿工作提供信息的矿物特征。它包括了特殊种类的矿物和矿物标型两方面的内容。前者已形成了传统的重砂找矿方法。后者是近20年来随着现代测试技术水平的提高，使大量存在于矿物中的地质找矿信息能得以充分揭示而逐步发展起来的，并取得了较大的进展，目前已形成矿物学的分支学科找矿矿物学。

二、地球物理找矿标志

地球物理找矿标志是间接找矿标志之一，其主要是指利用各种现代化物理勘探手段测量出的物探异常，包括磁异常、电异常、重力异常、放射性异常、人工地震等。在进行深部探矿过程中，研究并选择合理的地球物理勘探法，对矿产勘查有着不可取代的作用，并对于预测各种地表和地下盲矿都是极其重要的手段之一。因此，物探方法在找矿中起着非常重要的作用。

例如磁异常在寻找磁铁矿及其他磁性矿产，激电异常在寻找有色金属、贵金属矿产，放射性异常在寻找铀、镭等放射性矿产，人工地震在寻找油气田、煤田矿产上等都具有极其重要的作用。在实际工作中，在同一工作区或矿区，通常采用各种不同的物探方法进行勘测与评价，进而圈定出物探异常，如在有色金属矿产勘查中，经常应用磁法、电法等。根据不同的物探异常，进行综合分析对比，研究引起异常的原因，再配合地质解释、化探异常等进行综合评价，这样将大大提高找矿效果。

三、地球物理标志

地球物理标志主要是指各类物探异常，如磁异常、电性异常、放射性异常等。地球物理标志对各种金属矿产、能源矿产的勘查工作具有广泛的指示作用，其主要反映地表以下至深部的矿化信息，对地表以下的地质体具有"透视"的功能，因而是预测、找寻盲矿体（床）的重要途径之一。物探异常的实质是反映地质体的物性差异。因此，地球物理标志是一种间接的找矿标志，其本身往往具有多解性。另外，物探异常的强度受地质体的埋深大小及地形地貌特征影响较大。在应用地球物理标志时，必须结合地质、地貌等多方面的具体特征进行分析，以求对物探异常所反映的信息做出正确的解释。

四、生物找矿标志

所谓生物找矿标志主要是指植物的找矿标志。植物的生长主要受到土壤和气候的影响，而土壤中水分的微量元素成分对植物有较大的影响，若土壤下赋存矿体，则可利用与矿有关的植物标志来预测矿产。如有些植物因含有某种元素而产生生态变异现象和植物群的发育特征也可作为一种间接的找矿标志，某些植物具有在富含某些金属元素的土壤中生长的特殊习性，因而可以作为找矿的标志。植物的种属、类别和上述发育特征，排列和分布在遥感图片上都能通过各种技术处理而更为清晰，为大面积测定植物异常标志提供快速和有价值的信息。例如我国的香薷（铜草）被认为是在长江中下游地区找（铜）矿的一种指示植物。

五、人工找矿标志

所谓人工找矿标志就是古代人类从事矿冶活动留下的找矿线索，包括旧采炼遗迹，特殊的地名等。例如老矿坑、旧矿硐、炼碴、废石堆等，它们是矿产分布的较为可靠的标志。我国古代采冶事业较为发达，曾经放弃的矿山用现代的技术及经济条件进行重新评价，有时会成为非常有工业价值的矿床。此外，更多的是以这些旧采炼遗迹为线索、通过成矿规律找矿地质条件的研究而找到更多、更为重要的新矿体。特殊地名标志是指某些地名是古代采矿者根据当地矿产性质、颜色、用途等命名的，对选择找矿地区（段）有参考意义。如安徽的铜官山、浙江平阳的矾山等。有些地名因古代人对矿产认识的局限性，其地名与主要矿产类型有差别，但仍然指示有矿存在的可能性，例如江西德兴银山实际上是铅锌矿、甘肃白银厂实际上是铜矿。

第四节　成矿规律与成矿谱系

一、成矿规律

成矿规律是指矿床形成和分布的空间、时间、物质来源及共生关系诸方面的高度概括和总结。成矿规律既是进行成矿分析的向导（基础），又是成矿分析的结晶，它对预测找矿工作具有重要的指导作用。

根据我国地壳发展的主要构造运动及成矿特征，将我国的成矿期划分为前寒武纪成矿期、加里东成矿期、海西成矿期、印支成矿期、燕山成矿期和喜马拉雅成矿期。

（一）主要内容

成矿规律是矿床形成和分布的空间、时间、物质共生关系以及内在成因联系的总和。矿床的成矿机制、成矿机理、形成机理、形成机制是矿床成因研究的主要内容，不是成矿规律的主要内容。成矿规律主要包括矿体空间分布规律和区域成矿规律。

（1）位于大陆板块边缘，中生代以来的构造—岩浆活动强烈而频繁，对成矿起了主导作用。

（2）岩浆活动以酸性、中酸性和中性为主，属于受深断裂控制的幔壳混源型，以浅部就位的小型岩体居多，也发育陆相火山盆地。

（3）Cu、Fe、Pb、Zn、Mo、W、Au、Ag等为主要的或重要的金属成矿元素。

（4）矿床类型以矽卡岩型、斑岩型、层控型、热液脉型及陆相火山岩型等为主。

（5）矿质来源与岩浆作用关系密切，深层岩浆（幔壳混源）是成矿物质主要来源。部分地区早期沉积成因硫化物在岩浆热液影响下，可能重新活化参加了后来的成矿过程。

（6）长江中下游夹持在华北地块和扬子地块之间的狭窄地带，两大地块中生代以来的强烈碰撞控制了结合带附近的成岩成矿作用，太平洋板块向北西方向运动（俯冲及其他机制）对本区构造—岩浆活动有重要影响。

（7）本区的主要金属矿床都对应于莫霍面的鼻状隆起带上，说明中生代时大陆板内拉张断陷，地壳减薄，地幔隆起，地热异常显著的总的动力学机制，这是形成本区Cu、Fe等富集的一个重要原因。

（8）成矿金属组合以Fe、Cu为主，还有Pb、Zn、Mo、W、Au、Ag等，其中Cu、Au、Ag等是滨太平洋矿带尤其是内带的典型金属，W、Mo是外带常见金属，而Fe（以及伴生的V、Co、P等）是大陆内部或边缘深断裂带有关的金属。成矿金属的多源复合是本成矿带的一个特点。这可能与华北、华南两大地块基底地球化学背景的差异有关。

（9）古生代为主体的沉积成矿系列与燕山期岩浆成矿系列的并存，以及两大成矿系列的叠加与复合，长江中下游成矿带的一个重要特色。这种叠加复合显示了区域成矿"基预"与成矿继承的有机联系，是造成大型金属矿床的重要条件。

（10）成矿围岩以上古生界至三叠系为主。

（11）本区既有与浅侵位中小型岩体有关的矽卡岩型、斑岩型、脉型和层控型Cu、Fe、Zn、Mo矿床，又有与陆相火山岩—次火山岩有关的玢岩铁矿脉型Cu、Au矿等。由于多种成矿因素的有利组合，常形成"多位一体"的复合型矿床，如矽卡岩—斑岩—层控型Cu-Mo-Au矿床等（城门山式）。

（12）本区三叠系膏盐层的广泛分布，明显影响到侵入岩浆的化学组成、分异作用，岩浆中挥发组分特征直到Cu、Fe等成矿组分的分离和富集，这也可能是在岩浆分异演化过程中形成富铁熔浆，使本区发育矿浆型铁矿的一个重要原因。

（13）本区具有多层位的容矿岩层，含矿侵入岩体又多呈"三层结构"（隐伏岩基、岩浆柱、岩株），因之矿化是有较大的垂深范围。铜陵狮子山式的"多层楼"模式也有一定的普遍性（尤其对Cu、Mo、Au矿床）。

（二）成矿规律图

以某一地区的成矿规律图为基础，根据各处已有地质、矿产资料的丰富程度，用不同的颜色和线条符号，在成矿规律图（或与其重合的透明图纸）上，圈出不同类型矿床的可能分布范围，即成矿预测区或矿产远景区，用以反映成矿预测工作的结果，为下一步工作提供依据。这种在成矿预测时所编制的专门图件，称成矿预测图。比例尺大于1∶50000～1∶25000，具有充分实际资料的成矿预测图，可作为布置详细普查或矿床勘探工作的依据，这种成矿预测图，又称普查勘探指示图。按成矿预测时的要求，成矿预测图又分为反映多种矿产的综合成矿预测图和反映一种或一组相关矿产的成矿预测图。

根据内容和精度要求，成矿规律图有不同的种类。

按比例尺可分为：矿山成矿规律图，比例尺大于1∶2.5万，重点研究矿床成矿规律，寻找新矿体。矿区和矿田成矿规律图，比例尺1∶2.5万～1∶5万，目的是扩大矿区远景，寻找新矿床。矿带成矿规律图，比例尺1∶10万～1∶25万，目的是寻找成矿远景区，选定新的矿产普查基地。区域成矿规律图，比例尺1∶50万～1∶100万，目的是寻找可能的成矿地带，作为部署矿产普查工作的依据。概略成矿规律图，比例尺小于1∶100万，目的是进行更大地区的成矿规律研究。

按矿产生成的地质条件分为：内生矿产成矿规律图，主要表示地球内部热力作用形成的矿产成矿条件和分布规律，编制时多以地质构造图或简化的地质图为底图。外生矿产成矿规律图，表示地球的表生作用生成的（主要是由沉积作用形成的）矿产的成矿规律，编制时一般以古地理图为底图。变质矿产成矿规律图，表示变质作用形成的受变质矿床和变成矿床的成矿规律。所用底图为变质地质图。此外根据实际需要还可以编制某一矿种（组）的成矿规律图，如铁矿成矿规律图、石油及天然气成矿规律图等。

（三）矿床时间分布规律

矿床在时间上的分布是不均匀的，某些矿种或矿床常在某一地区的某一地质时代内集中出现。例如世界上70%的金矿、62%的镍和钴、60%以上的铁矿形成于前寒武纪；80%的钨矿形成于中生代；85%以上的钼矿形成于中、新生代；50%的锡矿形成于中生代末；40%以上的铜矿形成于新生代等。外生矿产中，世界范围内的煤主要形成在石炭—二叠纪；石油主要形成于新生代；世界上的盐类矿产主要形成于二叠纪。

我国地壳演化早期，成矿作用比较简单；随着时间的推移，地壳加厚，岩浆活动、火山作用、沉积变质作用的多次重演，大气中游离氧增多，生物的出现和大量繁殖，成矿作用愈来愈复杂，到中、新生代达到高峰。

矿产在时间分布上的不均匀性通常用划分成矿期的方式来表述：凡产生特定矿产组合的一段地质时期（代）就称之为成矿期。

地史上一定类型的矿床及其组合的出现往往和一定的大地构造发展阶段有关。据我国地壳发展的主要构造运动及成矿特征，将我国的成矿期划分为如下六个：

前寒武纪成矿期。该成矿期是我国一个重要的成矿期，持续时间最长，可进一步细分为如下三期：

（1）早太古代成矿期（泰山期）（3800～2500Ma）。这时地壳开始形成，薄而不稳固，故有大量来自上地幔的超基性、基性岩浆活动，形成重要的绿岩带及有关矿床。本期末发生阜平运动，有广泛的火山和火山沉积作用、花岗岩化和混合岩化作用，并伴随着一系列矿床的形成，重要者有Fe、Au、Cu、P、滑石、菱镁矿、石墨、云母等。

（2）晚太古—早元古代成矿期（中条或吕梁期）（2500～1800Ma）。本期地壳已经形成并相对稳定下来，火山作用、花岗岩化、混合岩化仍较普遍和强烈。火山和火山沉积建造，各种碎屑沉积建造及化学沉积建造大量出现，生物沉积建造开始出现。在这种地质环境中形成的矿产有Cr、Ni、Pt、Fe-Ti、金刚石、铜铅锌硫化物、稀土、硼、滑石、菱镁矿、云母等。

（3）中—晚元古代成矿期（1800～600Ma）。本期属晋宁、澄江、扬子构造旋回成矿期。这时稳定区与活动带区别明显，大气中CO_2占优势，海水中CO_2逐渐减少而变成硫酸盐型，主要矿产有Fe、Cu、P、石棉、石墨等，在北方产于长城、蓟县、青白口系地层中，在南方则产于板溪群、会理群、昆阳群、神农架群、南沱砂岩层及相应地层中。

加里东成矿期。此时我国地壳进入了一个新的发展阶段，华北、西南进入相对稳定的地台时期，矿产以产在浅海地带和古陆边缘海进层序底部的Fe、Mn、P、U等外生矿床为主，如宣龙式铁矿、瓦房子锰矿、湘潭式锰矿、昆阳式和襄阳式磷矿等。中期海浸范围扩大，普遍出现大量钙质沉积，形成灰岩白云岩矿床。晚期在海退环境下形成泻湖相石膏和盐类矿床。祁连山、龙门山、南岭以地槽演化为特点，矿产为内生的Cr、Ni、Fe、Cu、石棉，如镜铁山铁矿床，白银厂黄铁矿型铜矿床等。

海西成矿期。与加里东期相似。我国东部处在地台阶段，以稳定的浅海相、海陆交互相、泻湖相及陆相沉积为主，相应形成一系列重要的外生矿产，如南方泥盆纪的宁乡式铁矿、二叠纪的泻湖期Mn、Fe、煤等矿床，北方石炭、二叠纪的铁、铝、煤、黏土矿等矿产。我国西北部地区仍处于地槽发展阶段，以内生金属矿产为主，有秦岭和内蒙古的铬、镍矿床；内蒙古白云鄂博式稀土—铁矿床，阿尔泰、天山地区的稀有金属伟晶岩矿产，与花岗岩有关的W、Sn、Pb、Zn，南祁连的有色金属，川滇等地的Cu、Pb、Zn以及力马河Cu-Ni硫化物矿床。

印支成矿期。印支运动结束了我国大部分地区的海侵状态，使之上升为陆地，出现一系列内陆盆地，形成许多重要的外生矿床，有铜、石膏、盐类、石油、油页岩等。西部地区尚有三江地槽褶皱系，松潘甘孜地槽褶皱系、秦岭地槽褶皱系及海南岛地槽褶皱系，其中形成众多的内生矿床，如Fe、Cu、Cr、Ni、稀有金属、云母、石棉等。

燕山成矿期。燕山运动是我国最重要的内生成矿期。此时我国西部地区大都结束了地槽阶段，进入地台发展阶段。东部地台区进入地洼阶段，构造活动、岩浆活动和火山活动相当强烈，出现多期岩浆活动和火山喷溢，造成丰富多样的内生矿床。岩浆活动以酸性、中酸性岩浆侵入和喷溢为特征，早期以广泛分布的大规模岩浆活动为代表，形成一系列W、Sn、Mo、Bi、Fe、Cu、Pb、Zn矿床，晚期以广泛分布的小规模岩浆活动为代表，形成一系列重要的Fe、Pb、Zn、Hg、Sb、Au、稀有金属、萤石、胆矾石等矿床。喜马拉雅山地区及台湾仍处在地槽发展时期，有超基性、基性岩浆活动，伴随有Cr、Ni、Cu、Pb、Ag等矿床。本期外生矿床不及内生矿床重要，在小型内陆盆地中有Fe、Cu、U、煤、盐类、油页岩等矿床产出。

喜马拉雅山成矿期。此期我国东部各个地洼区的发展均进入了余动期，构造活动较弱。但台湾地槽和喜马拉雅地槽仍在强烈活动，产出有伴随基性—超基性岩浆活动的Cr-Pt矿床（西藏）、Cu-Ni矿床及火山岩中的Cu、Au矿床（台湾）等以及Pb、Zn、S矿床（新疆西南部）。本期内生矿产虽较局限，但外生矿产比较发育,以风化淋滤和沉积矿床为主,主要的有塔里木盆地和柴达木盆地边缘地带的层状铜矿床,各地的砂金、砂锡矿床,风化淋滤型镍矿,风化壳型铝土矿,西北许多地区的硼矿和盐类矿床,西南地区的钾盐和岩盐以及第三纪的煤炭和石油等。

由上可知,我国各类矿床在时间上分布很不均匀,其中Fe、Au等矿早期比较富集,Hg、Sb、As、稀有金属等矿晚期相对集中。我国地壳演化早期,成矿作用比较简单;随着时间的推移,地壳加厚,岩浆活动、火山作用、沉积变质作用的多次重演,大气中游离氧增多,生物的出现和大量繁殖,使成矿作用愈来愈复杂,到中、新生代达到最高峰。

二、成矿谱系

成矿谱系是指特定区域内成矿作用的演化历史和分布规律。它指示区域内成矿物质在区域地质构造不断演化过程中的行为,成矿物质的组合变化、分散或富集的规律以及区域成矿的继承性或突变性。

第五节 找矿技术方法与信息提取

找矿技术方法是泛指为了寻找矿产采用的工作措施和技术手段的总称。找矿技术方法实施的首要目的是获取矿化信息,并通过对矿化信息的评价研究最终发现欲找寻的矿产。

找矿技术方法按其原理可分为地质找矿方法、地球化学找矿方法、地球物理找矿方法、遥感技术找矿方法、工程技术找矿方法五大类。各类方法对地质体从不同的侧面进行研究,提取矿产可能存在的有关信息,并相互验证,以提高矿产的发现概率。

一、地质找矿方法

包括传统的地质填图法、砾石找矿法、重砂找矿法等。

（一）地质填图法

地质填图法是运用地质理论和有关方法，全面系统地进行综合性的地质矿产调查和研究，查明工作区内的地层、岩石、构造与矿产的基本地质特征，研究成矿规律和各种找矿信息进行找矿。

地质填图法的工作过程是将地质特征填绘在比例尺相适应的地形图上，故称为地质填图法。因为本法所反映的地质矿产内容全面而系统，所以是最基本的找矿方法。无论在什么地质环境下，寻找什么矿产，都要进行地质填图。因此，是一项综合性的、很重要的地质勘查工作。地质填图进行得好坏直接关系到找矿工作的效果。如有些矿区由于地质填图工作的质量不高，对某些地质特征未调查清楚，因此使找矿工作失误，国内外都有实例应引以为戒。同时，也有很多实例，通过地质填图而取得可观的找矿效果。

随着高新技术和计算机技术在矿产勘查工作中的普及应用，地质填图正由过去单一的人工野外现场填制向采用遥感技术、野外地质信息数字化、计算机直接成图方面发展，由单一的二维制图向三维、立体制图方向发展。

（二）砾石找矿法

砾石找矿法是根据矿体露头被风化后所产生的矿砾（或与矿化有关的岩石砾岩），在重力、水流、冰川的搬运下，其散布的范围大于矿床的范围，利用这种原理，沿山坡、水系或冰川活动地带研究和追索矿砾，进而寻找矿床的方法。

砾石找矿法是一种较原始的找矿方法，其简便易行，特别适用于地形切割程度较高的深山密林地区及勘查程度较低的边远地区的固体矿产的找寻工作。

砾石找矿法按矿砾的形成和搬运方式可分为河流碎屑法和冰川漂砾法，以前者的应用相对比较普遍。

（三）重砂找矿方法

重砂找矿方法（简称重砂法）是以各种疏松沉积物中的自然重砂矿物为主要研究对象，以实现追索寻找砂矿和原生矿为主要目的的一种地质找矿方法。正确的方法是在圈定重砂异常时必须要考虑采样点所控制的汇水盆地的形态及地形特征。

重砂法的找矿过程是沿水系、山坡或海滨对疏松沉积物（冲积物、洪积物、坡积物、残积物、滨海沉积物、冰积物以及风积物等）系统取样，经室内重砂分析和资料综合整理，并结合工作区的地质、地貌特征、重砂矿物的机械分散晕或分散流和其他找矿标志等来圈定重砂异常区（地段），从而进一步发现砂矿床，追索寻找原生矿床。

重砂法是一种具有悠久历史的找矿方法，我国人民远在公元前两千年就用以寻找砂金。由于重砂法应用简便、经济而有效，因此现今仍是一种重要的找矿方法。重砂法主要适用于物理化学性质相对稳定的金属、非金属等固体矿产的寻找工作，具体如自然金、自然铂、黑钨矿、白钨矿、锡石、辰砂、钛铁矿、金红石、铬铁矿、钽铁矿、铌铁矿、绿柱石、锆石、独居石、磷钇矿等金属、贵金属和稀有、稀土金属矿产和金刚石、刚玉、黄玉、磷灰石等非金矿产。

重砂矿物找矿的依据是重砂机械分散晕（流）的存在：矿源母体（矿体或其他含有用矿物地质体）暴露地表因表生风化作用改造而不断地受到破坏，在此过程中化学性质不稳定的矿物由于风化而分解、而化学性质相对稳定的矿物则成单矿物颗粒或矿物碎屑得以保留而成为砂矿物，当砂矿物比重大于3时则称为重砂矿物。这些重砂矿物除少部分保留在原地外，大部分在重力及地表水流的作用下，以机械搬运的方式沿地形坡度迁移到坡积层，形成重砂矿物的相对高含量带，并与原地残积层中的高含量带一起构成重砂矿物的机械分散（晕）流。有些矿物颗粒进一步迁移到沟谷水系中。

由于水流的搬运和沉积作用使之在冲积层中富集为相对高含量带，构成所谓的机械分散流。重砂机械分散晕（流）的形成，是矿源母体遭受风化剥蚀的结果，重砂矿物经历了搬运、分选、沉积等综合作用，其分布范围较矿源母体大得多，故成为较易发现的找矿标志，经推本溯源，就可找到原生矿体。重砂法除了可单独用于找矿外，更多的是在区域矿产普查工作中配合地质填图工作和物探、化探、遥感等不同的找矿方法一起共同使用进行综合性的找矿工作。

重砂法按采样对象的不同可分为自然重砂法和人工重砂法两种。后者是直接从基岩及某些新鲜岩石或风化壳采取样品，以人工方法将样品破碎，从而获取其中的重砂矿物进行研究。人工重砂法代表了重砂法的发展方向。

二、地球化学找矿方法

地球化学找矿方法（又称地球化学探矿法，简称化探）是以地球化学和矿床学为理论基础，以地球化学分散晕（流）为主要研究对象，通过调查有关元素在地壳中的分布、分散及集中的规律达到发现矿床或矿体的目的。地球化学找矿法在前苏联首先使用，后传到美洲等地。地球化学找矿法可找寻的矿产涉及金属、非金属、油气等众多的矿种及不同的矿床类型，地球化学方法本身也从单一的土壤测量发展为分散流、岩石地球化学测量、水化学、气体测量等，方法的应用途径也从单一的地面发展到空中、地下、水中等。

三、地球物理找矿方法

地球物理找矿方法又称地球物理探矿方法（简称物探）是通过研究地球物理场或某些物理现象，如地磁场、地电场、重力场等，以推测、确定欲调查的地质体的物性特征及其与周围地质体之间的物性差异（即物探异常），进而推断调查对象的地质属性，结合地质资料分析，实现发现矿床（体）的目的。物探方法不仅可以提供找矿信息，而且还可以用于划分岩性特征。

（一）物探的特点

（1）必须实行两个转化才能完成找矿任务。先将地质问题转化成地球物理探矿的问题，才能使用物探方法去观测。在观测取得数据之后（所得异常），只能推断具有某种或某几种物理性质的地质体，然后通过综合研究，并根据地质体与物理现象间存在的特定关系，把物探的结果转化为地质的语言和图示，从而去推断矿产的埋藏情况以及与成矿有关的地质问题，最后通过探矿工作的验证，肯定其地质效果。

（2）物探异常具有多解性。产生物探异常现象的原因，往往是多种多样的。这是由于不同的地质体可以有相同的物理场，故造成物探异常推断的多解性。如磁铁矿、磁黄铁矿、超基性岩，都可引起磁异常。所以工作中采用单一的物探方法，往往不易得到较肯定的地质结论。

（3）每种物探方法都有要求严格的应用条件和使用范围。因为矿床地质、地球物理特征及自然地理条件因地而异，影响物探方法的有效性。

（二）物探工作的前提

在确定物探任务时，除地质研究的需要外，还必须具备物探工作前提，才能达到预期的目的。物探工作前提主要有下列几方面：

（1）物性差异，即被调查研究的地质体与周围地质体之间，要有某种物理性质上的差异。

（2）被调查的地质体要具有一定的规模和合适的深度，用现有的技术方法能发现它所引起的异常。若规模很小、埋藏又深的矿体，则不能发现其异常。有时虽地质体埋藏较深，但规模很大，也可能发现异常。故找矿效果应根据具体情况而定。

（3）能区分异常，即从各种干扰因素的异常中，区分所调查的地质体的异常。如铬铁矿和纯橄榄岩都可引起重力异常，蛇纹石化等岩性变化也可引起异常，能否从干扰异常中找出矿异常，是方法应用的重要条件之一。

物探方法的适用面非常广泛，几乎可应用于所有的金属、非金属、煤、油气地下水等矿产资源的勘查工作中。与其他找矿方法相比，物探方法的一大特长是能有效、经济地寻找隐伏矿体和盲矿体、追索矿体的地下延伸、圈定矿体的空间位置等。在大多数情况下，物探方法并不能直接进行找矿，仅能提供间接的成矿信息供勘查人员分析、参考，但在某些特殊的情况下，如在地质研究程度较高的地区用磁法寻找磁铁矿床，用放射性测量找寻放射性矿床时，可以作为直接的找矿手段进行此类矿产的勘查工作，甚至进行储量估算工作。

在当前找矿对象主要为地下隐伏矿床及盲矿体的局面下，物探方法的应用日益受到人们的重视，促使了物探方法本身的迅速发展，据地质体的物性特征发展了众多的具体的物探方法，物探的实施途径也从单一的地面物探发展到航空物探、地下（井中）物探、水中物探等。

二、矿化信息提取

所谓矿化信息提取，即从地质信息中区分矿与非矿信息。这项工作的正确与否是找矿工作能否取得实效的关键所在。上述的各种找矿技术方法都是通过获取地质体不同侧面的矿化信息而最终达到发现矿产的目的。但是，各种找矿方法通过具体的实施首先得到的通常为地质信息，而并非为矿化信息。正如矿床（体）

是地质体的特殊组成部分一样，矿化信息是地质信息的一部分或蕴藏于地质信息中，大多是通过对地物化遥等资料、数据所反映的地质信息的进一步分析研究，而从中提取出来的。

（一）若干基本概念

1.地质信息

地质信息是指地质体所显示的特征或利用某种技术手段对地质体的具体度量、推断的结果。地质信息按其获得的认知途径可分为事实性信息和推测性信息两类。

（1）事实性信息。事实性信息反映的是地质体（包括矿体）存在的客观属性和特征，其进一步又可分为：描述型，其仅是对地质体的客观描述性记录，是进一步从中发掘、获取其他信息的源泉，具体如地质体的形态、规模、产状等；加工型，其是应用科学的分析、类比、综合、归纳等逻辑推理对描述型信息进行加工后获得的比描述型层次更深的信息，具体如据地层岩性及古生物组合特征对原始沉积环境的恢复、在地球化学分散晕基础上圈定的化探异常等。

（2）推测性信息。是指尚未观察到（或未揭露到），而根据描述型和加工型信息推断的某些地质体可能存在及其相应属性、特征的信息。例如根据地表观察所见地质体（矿体）的产状、规模、形态（描述型信息）推测其地下的产状、延深特征，据磁法测量的磁异常（加工型信息）推测地下具有的隐伏基性—超基性岩体或矿体等，据遥感图像数据所作的地质解译成果等。

2.矿化信息

矿化信息是指从地质信息中提取出来的，能够指示、识别矿产存在或可能存在的事实性信息和推测性信息的总和。它可以是有关的资料、数据以及对有关数据经深加工后的成果。矿化信息据其信息来源可分为描述型、加工型矿化信息和推测性矿化信息；据其信息的纯化程度（可靠性）可分为直接的矿化信息和间接的矿化信息，前者如矿产露头、有用矿物重砂，后者如大多数的物探异常、围岩蚀变、遥感资料等。一般来说，事实性信息中的描述型信息和直接矿化信息相对应，加工型、推测性信息和间接矿化信息相对应。因此，矿化信息提取工作的主要研究对象应是具有多解性的加工型和推测性地质信息。

（二）各种矿化信息的提取及评价

1.描述型矿化信息

在各种找矿技术手段所获取的大量的描述型地质信息中，有的不需经过进一步的分析、加工，本身就具有直接表明矿产存在与否的信息功能，则称之为描述型矿化信息。例如野外地质调查、地质测量工作中发现的矿产露头、采矿遗迹、通过探矿工程揭露出的矿体等。描述性矿化信息也可称之为直接的矿化信息。地质信息中的描述性矿化信息的识别、获取比较直观、简单，这项工作主要取决于找矿者所具有的知识结构与技术水平。例如，找矿者只要认识、了解某种矿产的基本特征，就能从众多的野外地质现象中将其矿产露头识别出来。对描述型矿化信息应做进一步的评价研究工作，以确定有关矿产的成矿类型、空间分布、规模及工业价值大小等。具体分析、评价内容类同有关的直接找矿标志的分析、研究内容，这里不再赘述。

2.加工型矿化信息

加工型矿化信息是从加工型地质信息中提取出来的，其基本的信息基础是描述型地质信息。从地质体→描述型地质信息→加工型地质信息，经历了多个信息获取、转换的中间环节，不可避免地已掺杂了一定的干扰信号或假信息，使信息的纯度降低，造成了加工型地质信息的多解性。加工型矿化信息的提取就是从具多解性的加工型地质信息中区分出矿与非矿信息。一般来说，人们熟悉的物探、化探、重砂异常等都是加工型地质信息，在应用于指导找矿工作时都必须首先进行异常的分析评价工作，从中区分矿与非矿异常，即提取矿化信息。加工型矿化信息的提取，必须以地质研究为基础，针对不同的加工型信息的特点，结合研究区内的成矿地质特征及成矿规律进行分析。以下对重砂异常、化探异常、物探异常等加工型地质信息的分析评价工作分别叙述之。

（1）重砂异常的分析评价。对重砂异常的研究，首先要重视异常地区地质背景的分析，同时注意影响重砂矿物分散晕（流）形成的因素，判断含矿岩体、地层、构造或原生矿床（体）存在的可能性。

（2）对重砂异常本身，则要分析重砂异常的范围和强度，有用矿物种类和含量等。一般说，异常的范围大、有用矿物含量高，则反映原生矿床存在的可能性也大。进一步联系地质地貌特点，则可以判断异常的可能来源。

（3）分析重砂异常矿物的共生组合和标型特征。重砂矿物的共生组合和标型特征可反映可能的矿化类型。如锡石、黄玉、电气石、萤石、黑钨矿、白钨矿组合，是与云英岩化有关的石英脉型锡石矿床的特点；锡石、铌铁矿、钽铁矿、锂辉石、独居石组合，则是伟晶岩型矿床的特征。

三、推测性矿化信息

推测性矿化信息来源比较广泛，它可以是从推测性地质信息中进一步推测提取的矿化信息，也可以是从描述型、加工型矿化信息中进一步推测、提取深层次的矿化信息，甚至对已有的全部地质信息、矿化信息经进一步的综合，加工处理后，从中提取复合性的合成信息。例如遥感地质解译图所具有的有关地质内容就是一种典型的推测性地质信息，通过对遥感地质解译图的进一步分析，就可以从中提取出感兴趣的矿化信息；已确定的物探、化探异常中的矿致异常是一种加工型矿化信息，经进一步的分析还可以从这些矿致异常中提取出可能发现的矿种、矿体规模、可能的赋存位置、产出特征等更深层次的矿化信息等。推测性矿化信息是在推断所得的有关信息的基础上，经进一步的加工、分析而得到的相对较深层次的矿化信息。因此，如何识别出信息以及保证所获取的信息的客观性则成为推测性矿化信息提取的基本要求。为了满足上述两方面的要求，推测性矿化信息的提取必须首先考虑所依据的信息的真实性，如上述的遥感地质解译图是否正确，已确定的物、化、探矿致异常是否真实等，进而结合已知的成矿地质背景和成矿规律，通过慎重周密的分析、类比和归纳，进行科学的推理，提取深层次的矿化信息。推测性矿化信息的提取还必须综合各有关方面的信息，通过专门的技术性手段及途径，对已获取的有关数据进行分解、提取、加强、合成等处理，进行数据、资料信息的深加工，从中提取综合性的、新的、深层次的矿化信息，这其实已属于信息合成的研究范畴。

第六节　数据模型与信息合成

目前，原始地学信息的收集已由过去的以定性描述为主，而转化为大量的定量的地学数据。因此，在进行信息合成时，只有采用一定的数据模型对各类浩瀚的无直观规律的数据集进行整理、分析，把握数据分布的规律性，才能继而进行不同种类的信息合成工作。

一、数据模型

地质体数学特征研究实质上也就是研究地质数据的数学模型，或简称数据模型。利用数据模型可以反映地质体的几何特征、统计特征、空间特征和结构特征，还可以查明可能存在的分形、混沌等非线性特征。这是一种基础性工作，是十分重要的。例如，只有选用或购置适当的数据模型对原始数据进行加工、处理，查明数据分布特征及其规律性，才能在此基础上进一步借助有关的模型对有关数据进行信息合成所必需的数据预处理、噪音信息的剔除、矿化信息的强化等工作。数据模型在广泛采用计算机技术的信息合成的各个环节中都起着不可替代的作用。而且，数据模型是选用各种数据处理方法的依据。

一般来说，用于查明原始地质数据分布律的数学模型有正态分布模型、对数正态分布模型、二项分布、负二项分布、普阿松分布、超几何分布及指数分布等；用于原始数据处理的数学模型有磁法资料的化极、求导、延拓、求假重力异常、视磁化率、正演、反演方法，重力资料的求导、延拓、各种计算密度界面的方法，遥感资料的边缘增强、线性体增强及环形影像增强方法，化探、重砂资料的趋势分析、因子分析、聚类分析、回归分析等，可用于信息提取及合成的因子分析、典型相关分析、信息量法、成矿有利度模型等。

二、信息合成

（一）概述

信息合成也可称信息综合，是指把反映地质体各方面的有关信息（数据、资料、图像等）通过一定的技术手段，加工成为一种与源信息相互关联的新的复合型信息，即由直接信息转换为间接信息。

这种复合型信息具有反映地质体总体特征及所具有的隐蔽特征的功能。

用于信息合成的源信息的形式可以是各种原始的地质数据，如各种物、化探原始观测数据，也可以是经过一定的专门性加工、处理、整理而成的有关资料、图像等，源信息的类别可以是事实性信息，也可以是推测性信息，源信息的要素可以是矿化信息，也可以是有关的控矿因素。

信息合成是勘查工作发展的需要，也是高新技术在地勘工作中应用的直接体现。迄今为止的信息合成结果有两种，一种结果是各种单独的矿化信息在同一空间上的简单叠加定位；另一种是在通过分析各种单独信息的相互关系的基础上提取出来的（定量），是以前一种合成为基础进行的，后一种的工作难度较大，但有人认为这才是真正的信息合成，是信息合成的发展方向。

（二）信息合成的基本步骤

1.建立地质概念模型

地质研究是信息合成的基础，只有在全面研究的基础上，才能对矿床的地质条件及成矿特征有深刻的了解，在此基础上才能正确地总结控矿因素及找矿标志，确定选择用于信息合成的各种原理资料。

2.原始各种信息的预处理工作

预处理是把各种格式、比例尺、分辨率的原始资料（图形、图像、数据、磁盘数据等）编辑转换为适合计算机图像处理的统一格式及数据类型等。参与预处理的原始资料可以是有关的控矿因素方面的信息，也可以是各个侧面的矿化信息。如与成矿有关的地层构造岩浆岩或已知的矿床（点）、物探、化探、遥感信息等。

3.信息的关联和提取

各类成矿信息都不是孤立存在的，而是本身就有机地联系在一起的。只有通过信息彼此之间的关联，才能正确、全面地提取有用信息，排除与研究对象无关的"干扰"信息。信息的关联可分为同类信息的关联，如物探信息中的航磁平剖解释信息与化极、求异、延拓解译信息的关联，不同类信息之间的关联，如物探异常信息与化探异常信息之间的关联等。

信息关联和提取的地质意义是清晰的。一般成矿作用，通常理解为多种地质作用相互叠加的结果。各种地质作用常常具有不同的地球物理和地球化学信息标志特征。通过信息关联而确定的有用信息的叠合部位或信息浓集区，则被认为是成矿可能性最大的空间地段。这种成矿可能性最大的空间地段的认识的得出即是信息提取的一种物化表现。

4.信息的综合和转换

信息的综合和转换，即信息合成，是指在各种单信息相互关联和提取的基础上，将提取出来的有用矿化信息作进一步的加工、优化和综合提取，最终完成直接矿化信息向间接矿化信息的转换。信息合成后的物化形式，一般多为直观的图件，如成矿有利度图、矿化信息量图，综合信息找矿模型等。

第七节　靶区优选与目标定位

在找矿难度不断加大，新的找矿技术手段不断引入勘查领域的今天，从单一的找矿手段所获取的单方面的矿化信息已远远不能满足现代找矿工作的需要，综合使用各种有效的找矿方法、获取多元地学信息，并通过一定的技术手段和途径进行信息的合成，从而获取深层次的隐蔽信息，进而为找矿靶区的圈定提供依据，已成为当前矿化信息研究的一种必然发展趋势。

一、靶区优选

找矿靶区优选是成矿预测工作一项必不可少的工作内容，也是体现成矿预测研究成果的直接物化形式。靶区优选的正确与否对后续找矿工作的成败起着关键性的作用，直接影响着预测阶段与找矿（普查）阶段的衔接和过渡。

（一）找矿靶区优选的概念

找矿靶区优选是在找矿靶区（找矿远景区、找矿有利地段）已圈定的前提下，应用经验的、数学的或计算机方法，据相对的成矿可能性大小（成矿有利程度），结合经济、地理、交通、市场供需关系等诸方面因素的综合比较，对找矿靶区所进行的评价和优劣排序，即找矿靶区的分级。找矿靶区一般分为A、B、C三级。

靶区优选过程中应考虑的因素，不仅要考虑成矿可能性的大小，还必须适当考虑诸如矿产品经济贸易、交通、地理等诸因素对可能的矿产品开发的预期经济效益的影响。找矿靶区优选是成矿预测体系中一个不可分割的组成部分，其最基本的任务是完成已圈定靶区的分级，属于成矿预测体系中靶区圈定之后的一个工作程序，也是联系成矿预测工作阶段之后的找矿工作阶段的中介，为找矿工作的决策提供资料。

找矿靶区优选对有关的变量（因素）的选择及取值与靶区圈定有明显的差别：前者除了要考虑经济、地理、矿产品经济贸易等方面的影响外，在考虑有关地质条件及矿化信息时，是以对矿床成矿的贡献大小（即不等权）为选取变量的出发点；后者一般仅考虑致矿因素，凡是包含有成矿信息的地探、物探、化探、遥感变量都可等权地选作圈定找矿靶区的依据。

（二）找矿靶区优选的原则

1.系统优化原则

找矿靶区优选的目的是对找矿靶区进行选优弃劣，实现由面到点、面中求点，从而使靶区见矿概率和潜在社会经济价值大小分明。因此，优选过程中所涉及的各方面信息、标志、工作程序和方法的选择都应该是优化的，才能从整体上保证系统优化的实施，保证所划分的高级别远景区具有最小的面积，最大的见矿概率和潜在利用价值。

2.综合评判原则

优化过程中必须结合各方面的影响因素进行全面的综合对比，具体包括成矿的有利地质条件，已知的各种矿化信息的可靠程度，可能具有的矿床规模以及经济价值、社会需求程度、自然经济地理条件、预期的经济回报等。必须时刻清醒地认识到现阶段矿产资源的勘查与开发是社会经济生产活动的一部分，其最终提交给社会的矿产品是一种特殊的商品。因此，靶区优选中不仅要考虑成矿有利度的大小，还必须考虑到可能影响勘查及开发效益的所有因素，以尽可能地降低勘查工作的风险性。

二、找矿目标定位

找矿目标定位或称找矿对象的确定，是在找矿靶区优选的基础上，对优选出的高级别靶区经开展一定的专门性地质研究工作，最终确定值得展开进一步找矿工作的具体地段及具体对象（找寻的矿种、矿床类型等）的矿产勘查评价工作。

本项工作在整个矿产勘查系统中属于矿产勘查阶段中的前期工作内容，即预查和普查阶段，其工作成果是决定已确定的对象能否转入详细普查的重要依据。其工作目标是发现矿床并初步评价其工业价值，部分排除找矿工作中的不确定性因素（有矿或无矿、有否工业价值等）。

（一）靶区查证

靶区查证是针对优选出的A级靶区进行的实步找矿工作。其基本目的是对靶区优选中的关键性认识进行验证，实地发现或揭露矿化地质体，用实物证实矿产的存在与否。

（二）初步普查评价

初步普查评价是矿产普查评价的一个阶段性内容，是指在一系列地质工作的基础上，综合考虑地质、经济、技术诸方面的因素，对已经过野外现场查证的找矿靶区内是否具有开展进一步的找矿工作的必要性做出明确的回答的一项综合性的地质工作。

1.预查

预查是通过对区内资料的综合研究、类比及初步野外观测、极少量的工程验证，初步了解预查区内矿产资源远景，提出可供普查的矿化潜力较大地区，并为发展地区经济提供参考资料。预查阶段通常需进行全面收集预查区内的地质、矿产、物探、化探、遥感、重砂、探矿工程等各种有关信息及研究成果，并应用新理论新方法进行深入的综合分析研究。对有希望的地区，应选择几条路线，进行比例尺为1∶50000或1∶25000的路线地质踏勘，辅以有效的物探、化探方法，并选择有代表性的异常进行Ⅲ‐Ⅱ级查证，圈出可供普查的矿化潜力较大地区。对发现的矿（化）点或经类比认定为矿引起的异常及有意义的地质体进行研究，与地质特征相似的已知矿床从基本特征、成矿地质条件等方面进行类比、预测，必要时可投入极少量工程进行追索、验证，采集测试样品。寻找的矿产与地表（下）水关系密切时，应收集分析区域水文地质、工程地质资料，为开展下部工作提供设计依据。应圈出预测矿产资源范围，当有估算资源量的必要参数时，可以估算预测的资源量。

2.普查

普查是在预查工作的基础上，通过对矿化潜力较大地区开展地质、物探、化探工作和（有限的）取样工程，以及可行性评价的概略研究，对已知矿化区做出初步评价，对有详查价值地段圈出详查区范围，为发展地区经济提供基础资料。普查阶段通常需按要求通过1∶50000～1∶25000比例尺的地质填图和露头检查，对区内地质特征的查明程度应达到相应比例尺的精度要求，成矿地质条件达到大致查明程度。通过1∶10000～1∶2000比例尺地质填图和有效的物探、化探、遥感、重砂等方法手段及数量有限的取样工程，大致控制主要矿体特征。地表要用取样工程稀疏控制，深部要有工程验证，不要求系统工程网度；大致查明矿石的物质组成、矿石质量，并进行相应的综合评价；对物探、化探异常进行Ⅰ～Ⅱ级验证；大致了解开采技术条件；包括区域和测区范围内的水文地质、工程地质、环境地质条件，为详查工作提供依据。对开采条件简单的矿床，可依据与同类型矿山开采条件的对比，对矿床开采技术条件做出评价；对水文地质条件复杂的矿床，应进行相应的水文地质工作，了解地下水埋藏深度、水质、水量以及近矿围岩强度等。对已发现的矿产，应与邻区同类型已开采矿山，从矿石物质组成、脉石矿物、结构构造、嵌布特征、粒度大小、有害组分及影响选冶条件等因素进行全面的对比，并就矿石加工选冶的性能做出概略评述。对无可类比的或新类型矿石应进行可选（冶）性试验或实验室流程试验，为是否值得进一步工作提供依据，对饰面石材还应做"试采"检查。依据普查所获得的地质矿产资料及国内外市场情况，进行概略研究，研究有无投资机会，是否值得转入详查，并采用一般工业指标估算资源量。

第八节 可行论证与基地确定

一、可行性论证

（一）可行性论证的概念

可行性论证或称可行性研究，是西方国家在第二次世界大战以后发展起来的一种分析、评价各种建设方案和生产经营决策的科学方法。它通过对欲上项目建成后或实施后可能取得的技术经济效果进行预测，从而提出该项目是否值得投资和怎样进行建设的意见，为项目决策提供可靠的依据。可行性论证贯穿于矿产勘查与开发的各个不同阶段。可行性论证据其目的、任务以及与地勘工作阶段的对应性分为概略研究（普查阶段）、预可行性研究（详查阶段）和可行性研究（勘探阶段）。

1.概略研究

是指对矿床开发经济意义的概略评价。通常是在收集分析该矿产资源国内外总的趋势和市场供需关系的基础上，分析已取得的普查或详查、勘探资料，类比已知矿床，推测矿床规模、矿产质量和开采利用的技术条件，结合矿区的自然经济条件、环境保护等，以我国类似企业经验的技术经济指标或按扩大指标对矿床做出技术经济评价。从而为矿床开发有无投资机会，是否进行详查阶段工作，制定长远规划或工程建设规划的决策提供依据。普查基础上的概略研究中所采用的矿石品位、矿体厚度、埋藏深度等指标通常是我国矿山几十年来的经验数据，采矿成本是根据同类矿山生产估计的，其目的是为了由此确定投资机会。由于概略研究一般缺乏准确参数和评价所需的详细资料，所估算的资源量只具有经济意义。

2.预可行性研究

是指对矿床开发经济意义的初步评价。在我国目前的基本建设程序中，预可行性研究属于前期工作，与项目建议书属于同一工作阶段。预可行性研究需要比较系统地对国内外该种矿产资源、储量、生产、消费进行调查和初步分析，还需对国内外市场的需要量，产品品种、质量要求和价格趋势做出初步预测。根据矿床规模和矿床地质特征及矿区地形地貌，借鉴类似企业的实践经验，初步研究并提出项目建设规模、产品种类、矿区建设轮廓和工艺技术的原则方案；参照类似企业选择合适评价当时市场价格的技术经济指标，初步提出建设总投资、主要工程量和主要设备以及生产成本等，进行初步经济分析，圈定并估算不同的矿产资源储量类别。通过国内外市场调查和预测资料，综合矿区资源条件、工艺技术、建设条件、环境保护及项目建设的经济效益等因素，从总体上、宏观上对项目建设必要性、建设条件的可行性及经济效益的合理性做出评价，为是否进行勘探阶段地质工作及推荐项目和编制项目建设书提供依据。

（二）可行性论证的意义

可行性论证的意义首先在于保证矿产勘查工作和后续的矿产开发的经济效益。在市场经济的社会生产活动中，我国矿产勘查的投资来源已由单一计划经济时期的事业费拨款而转变为企业法人或私人投资，矿产勘查的根本目的是查明具有商品属性的工业矿床，并通过转让或直接出售矿产品而获取投资收益。因此，矿产勘查活动必须追求经济效益。但是，矿产资源在自然界的产出条件及特征是复杂多样的，矿床的质及量相差悬殊，所处的经济地理条件也是千差万别，矿种本身的经济价值及矿产品市场供需关系、价格波动等都对勘查投资收益有着较大的影响。另外，矿床一旦进入勘探阶段，由于需要动用大量的探矿技术手段对矿床进行揭露，与普查阶段相比，投资额剧增，为了降低投资的风险性，保证获得经济效益，就必须通过可行性论证对矿床的经济价值及转入勘探工作的必要性进行分析，以保证勘探投资在经济上的合理性，减少勘探投资的盲目性，为勘探基地的筛选提供依据。在我国矿产储量实行有偿占用、矿产储量成为有价商品正逐步推向市场的今天，矿床可行性论证被赋予了新的应用价值，只有通过论证知道了欲勘探矿床的经济价值，才能真正从经济意义上预估地质勘探工作的经济效果，才能为矿产储量的有偿占用或普查阶段工作成果的转让估价提供依据。

二、勘探基地的最终确定

对已发现的工业矿床进行了认真的预可行性论证后，根据预可行性论证的研究结论就可以对勘探基地进行最终的筛选工作。对于那些矿床地质条件有利，采、选、冶技术上可行，自然经济地理条件适宜，综合评价认为经济上合理（投资效果好），即矿床具有明显的经济价值的矿区在理论上都可以确定为勘探基地，勘查工作由详查转入勘探阶段，以进一步确切查明矿床的质与量，空间分布特征、产出的地质环境等。对那些经预可行性综合论证认为在经济上不具开采利用价值的矿床，则应坚决弃之，切不可因顾及已有的阶段性找矿成果而追加无效的投资。对于经筛选而已确定的勘探基地还应根据可能的人力、物力条件进一步考虑是直接转入下一阶段勘探工作，以获得最终的勘查成果，或直接出售部分阶段性的探矿成果（出售勘探基地）以获得已有的勘查投资收益。

参 考 文 献

[1]王浩民，赵善国，李景山.水工环地质勘查技术在水利工程中的应用和发展[M].延吉：延边大学出版社，2018.

[2]王现国.水资源与水文地质工程地质环境地质研究[M].郑州：黄河水利出版社，2008.

[3]张学红，李福生.水文地质勘查[M].北京：地质出版社，2014.

[4]蒋辉.水文地质勘查[M].北京：地质出版社，2019.

[5]刘新荣，杨忠平.工程地质[M].武汉：武汉大学出版社，2018.

[6]冯启言，严家平.环境地质学[M].徐州：中国矿业大学出版社，2011.

[7]刘卓.现代岩矿分析实验教程[M].北京：地质出版社，2015.

[8]廖立兵.岩矿现代测试技术简明教程[M].北京：地质出版社，2001.

[9]吴淑琪.地质实验测试仪器设备使用与维护：岩矿鉴定与有机分析（第2分册）[M].北京：地质出版社，2019.

[10]赵鹏大.矿产勘查理论与方法[M].武汉：中国地质大学出版社，2006.

[11]陈敬明.矿产勘查方法[M].哈尔滨：哈尔滨工程大学出版社，2010.

[12]罗梅，徐争启，马代光.矿产勘查地质学[M].北京：地质出版社，2011.

[13]高庆华.矿产预测的地质力学理论方法与实践[M].北京：地质出版社，2013.

[14]薛建玲，陈辉，姚磊，等.勘查区找矿预测方法指南[M].北京：地质出版社，2018.